高等教育规划教材

# 化工原理课程设计

申迎华　郝晓刚　主编

化学工业出版社

·北京·

本书以精馏塔（浮阀塔和筛板塔）设计为主，附以换热器、离心泵及管道设计和选型。主要介绍了板式精馏塔的设计计算，并就有关流程方案的确定以及附属设备的选型作了介绍，此外给出了设计时所使用的现行技术标准和一些基础数据。

　　本书为化工原理课程教学的配套教材，可作为化工原理课程设计、化工类专业毕业设计的参考资料。

**图书在版编目（CIP）数据**

　　化工原理课程设计/申迎华，郝晓刚主编．—北京：
化学工业出版社，2009.5（2023.5重印）
　　高等教育规划教材
　　ISBN 978-7-122-04974-2

　　Ⅰ. 化… Ⅱ.①申…②郝… Ⅲ. 化工原理-课程设计-
高等学校-教学参考资料 Ⅳ. TQ02-41

　　中国版本图书馆 CIP 数据核字（2009）第 026309 号

---

责任编辑：徐雅妮　何　丽　杜进祥　　　　　　文字编辑：陈　雨
责任校对：战河红　　　　　　　　　　　　　　装帧设计：周　遥

---

出版发行：化学工业出版社（北京市东城区青年湖南街 13 号　邮政编码 100011）
印　　装：大厂聚鑫印刷有限责任公司
787mm×1092mm　1/16　印张 9¼　字数 211 千字　　2023 年 5 月北京第 1 版第 16 次印刷

---

购书咨询：010-64518888　　售后服务：010-64518899
网　　址：http://www.cip.com.cn
凡购买本书，如有缺损质量问题，本社销售中心负责调换。

---

定　　价：29.00 元

# 前　　言

化工原理课程设计是化学工程与工艺类相关专业学生学习化工原理课程必修的三大环节之一，起着培养学生运用综合基础知识解决工程问题和独立工作能力的重要作用。

本书以精馏塔（浮阀塔和筛板塔）设计为主，附以换热器、离心泵及管道设计和选型。主要介绍板式精馏塔的设计计算，并就有关流程方案的确定以及附属设备的选型作了介绍，此外给出了设计时所使用的现行技术标准和一些基础数据。为提高教学质量，增加学生的学习兴趣，本书还编写了换热器设计及板式精馏塔多媒体教学仿真设计软件，这对培养学生的创新思维能力、分析判断能力和设计能力起到了良好的促进作用。

本书为化工原理课程教学的配套教材，可作为化工原理课程设计、化工类专业毕业设计的参考资料，也可作为化工原理课程教学的参考用书。

本书共分5章。全书由申迎华、郝晓刚统稿。第1、2章由申迎华编写；第3章的3.1至3.3由郝晓刚编写，其余部分由王韵芳编写；第4章由邱丽编写；第5章由段东红编写；附录由申迎华、王韵芳和邱丽编写。

本书在编写过程中得到太原理工大学化工原理教研室各位同仁的帮助。张忠林、王忠德、朱全红和李林屿等在图表的绘制方面给予了大力帮助，在此一并表示感谢。

由于我们经验不足，水平有限，其中难免有不妥之处，恳请各位读者批评指正。

编　者

2009 年 1 月于太原

# 目 录

# 第1章 绪 论

化工工艺设计指生产方式的选择、生产工艺流程设计、工艺计算（物料平衡和能量平衡）、非标准化工设备的设计、标准设备的选型及管线的配置，并对公用工程（水、电、汽等）提出工艺要求。

设计是一项创造劳动，是设计者对许多构思加以综合、应用基础知识和专业知识去实现设计目标的一个过程。设计是一门综合学科，涉及面很广，它要求设计者要有扎实的理论基础、较强的实践能力和高度的责任感，应用正确的设计思想，从国情出发、从实际出发，采用先进的科学技术，有效利用资源，做到技术上先进、经济上合理，使设计处于多方位优化状态。

## 1.1 化工原理课程设计的目的

化工原理课程设计是化工类相关专业的本科生运用化工原理及有关先修课程的基本知识去完成某一设计任务的一次较为全面的化工初步设计训练，是化工原理课程最后一个重要的教学环节，其基本目的包括：

（1）使学生初步掌握化工单元操作设计的基本方法和程序；

（2）训练学生的基本技能，如计算、绘图、运用设计资料（手册、标准和规范）、使用经验数据，进行经验估算和处理数据等；

（3）提高学生运用工程语言（简洁的文字、清晰的图表、正确的计算）表达设计思想的能力；

（4）培养学生理论联系实际的正确设计思想，训练综合运用已学过的理论和实际知识去分析和解决工程问题的能力。

## 1.2 化工原理课程设计的内容和步骤

### 1.2.1 课程设计的基本内容

化工原理课程设计的基本内容如下。

（1）设计方案简介 对给定或选定的工艺流程、主要的设备型式进行简要的论述。

（2）主体设备的工艺设计计算 包括工艺参数的选定、物料衡算、热量衡算、设备的工艺尺寸计算及结构设计、流体力学验算。

（3）典型辅助设备的选型和计算 包括典型辅助设备的主要工艺尺寸计算和设备型号规格的选定。

（4）带控制点的工艺流程简图 以单线图的形式绘制，标出主体设备和辅助设备的物料流向、物流量、能流量和主要化工参数测量点。

（5）主体设备工艺条件图　图面上应包括设备的主要工艺尺寸，技术特性表和接管表及组成设备的各部件名称等。

### 1.2.2　课程设计的方法与步骤

（1）明确设计任务与条件

① 原料（或进料）与产品（或出料）的流量、组成、状态（温度、压力、相态等）、物理化学性质、流量波动范围；

② 设计目的、要求和设备功能；

③ 公用工程条件，如冷却水温度，加热蒸汽压力，气温和湿度等；

④ 其他特殊要求。

（2）调查待设计设备的国内外状况及发展趋势，有关新技术及专利状况，所涉及的计算方法等。收集有关物料的物性数据及材料的腐蚀性质等。

（3）确定操作条件和流程方案

① 确定设备的操作条件，如温度、压力和物流比等；

② 确定设备结构型式，评比各类设备结构的优缺点，结合本设计的具体情况，选择高效、可靠的设备型式；

③ 热能的综合利用、安全和环保措施等；

④ 确定单元设备的工艺流程。

（4）主体设备的工艺设计计算　化工原理课程设计主要强调工艺流程中主体设备的设计。主体设备是指在每个单元操作中处于核心地位的关键设备，如传热中的换热器，蒸发中的蒸发器，蒸馏和吸收中的塔设备（板式塔和填料塔），干燥中的干燥器等。

① 主体设备的物料与热量衡算；

② 设备特性尺寸计算，如精馏、吸收设备的塔径、塔高，换热设备的传热面积等，可根据有关设备的规范和不同结构设备的流体力学，传质、传热动力学计算公式来计算；

③ 流体力学验算，如流动阻力与操作范围验算。

（5）结构设计　在设备型式及主要尺寸确定的基础上，根据各种设备常用结构，参考有关资料与规范，详细设计设备各零部件的结构尺寸。如填料塔要设计液体分布器、再分布器、填料支承、填料压板、各种接口等；板式塔要确定塔板布置、溢流管、各种进出料口结构、塔板支承、液体收集箱与侧线出入口、破沫网等。

（6）编写设计说明书。

（7）备好绘图工具，绘制带控制点的工艺流程简图和主体设备工艺条件图。

## 1.3　化工原理课程设计的任务要求

完整的课程设计由设计说明书和图纸两大部分组成。化工原理课程设计的任务要求每一位学生编写设计说明书 1 份，绘制图纸 2 张。各部分的具体要求如下。

### 1.3.1　设计说明书的编排和要求

说明书是设计的书面总结，也是后续设计工作的主要依据，说明书的编排顺序一般如下：

（1）封面（课程设计题目、班级、姓名、指导教师、时间）

（2）目录

（3）设计任务书

（4）设计方案简介

（5）设计条件及主要物性参数表

（6）工艺设计计算

（7）辅助设备的计算及选型

（8）设计结果汇总表

（9）设计评述及设计收获

（10）参考资料

设计说明书要求内容完整，条理清晰，书面清洁，字迹工整；误差小于设计要求，计算要求方法正确，计算公式和所用数据必须注明出处；图表应能简要表达计算的结果。

### 1.3.2　设计图纸要求

（1）工艺流程图　本设计要求画"带控制点的工艺流程图"一张，采用A2(594mm×420mm) 或 A3(420mm×293mm) 图纸。以单线图的形式绘制，标出主体设备和辅助设备的物料流向、物流量、能流量和主要化工参数测量点。

（2）主体设备工艺条件图　通常化工工艺设计人员的任务是根据工艺要求通过工艺条件确定设备结构型式、工艺尺寸，然后提出附有工艺条件图的"设备设计条件单"。设备设计人员据此对设备进行机械设计，最后绘制设备装配图。

本设计要求画"主体设备工艺条件图"一张，采用 A1(841mm×594mm) 或 A2(594mm×420mm) 图纸。一般按1：100 比例绘制，图面上应包括设备的主要工艺尺寸、技术特性表和接管表。

图纸要求：布局美观，图面整洁，图表清楚，尺寸标识准确，字迹工整，各部分线形粗细符合国家化工制图标准。

### 1.3.3　设计的有关说明

（1）课程设计不同于解习题，设计计算时的依据和答案往往不是唯一的。故在设计过程中选用经验数据时，务必注意从技术上的可行性与经济上的合理性两个方面进行分析比较。一个合理的设计往往必须进行多方案的比较，必须进行反复多次设计计算方能得到。

（2）在设计过程中指导教师原则上不负责审核运算数字的正确性。因此学生从设计一开始就必须以严肃认真的态度对待设计工作，要训练自己独立分析判断结果正确性的能力。

（3）整个设计由论述、计算和绘图三部分组成，所以只有计算，缺少论述或绘图草率的设计是不允许的。

（4）设计中，每人在完成规定任务的同时，各人还可以酌情在某些方面加深、提高。如可以对精馏方案的选定，多查阅一些参考资料以便充实设计方案的论证材料；塔板结构的设计计算进行多种方案的选择比较；还可适当增加辅助设备的设计计算内容，或增加自行编程计算等。

# 1.4 CAD 及仿真技术在化工设计中的应用

随着计算机技术的飞速发展，计算机在化工设计领域中的应用日益扩大。对化工设计而言，从分子结构出发预测物质的物性到工艺过程的设计、分析直至绘图，以及环境评价，经济效益和社会效益分析等大量的工作，均可借助计算机辅助设计 CAD(computer aided design) 完成。CAD 在化工设计中的应用可以概括为：模拟计算、绘图和智能系统。化工仿真技术也是当今化学工程技术发展趋势之一，它是以现有的计算机软件为基础，在深入了解具体化工生产过程、设备结构、工作原理、控制系统及各种工艺条件的基础上，充分研究化工生产过程中所发生的物理、化学现象，通过建立数学模型，对生产过程进行的动态模拟。

## 1.4.1 模拟计算

化工设计中工艺计算、结构计算的计算量大，计算复杂，且必须经多次反复计算，如逐板法计算理论塔板数目，试差法确定灵敏板位置等，计算时若数据选取不当或某一部分有错，整个计算必须重新进行。因此在实际设计过程中，人们只能采用各种简化方法计算，但由此引起的误差可能对设计结果产生严重影响。利用计算机不仅能够解算化工设计中大量的复杂计算问题，而且由于电子计算技术的应用，还在化学的深入研究、摸清化工过程内在规律方面引起了质的飞跃。这样就在化工放大中为数学模拟放大方法的采用提供了可行性，使化学工业的发展产生了一个崭新的变革，也大大丰富了化学工程的内容。

过去一个新的化工流程的发展，往往要从实验室的试验到小试再到中间试验，甚至要经过工业规模的试验，最后才能应用到工业生产上去。这样一个复杂烦琐的过程，不但周期非常长，而且还消耗大量的人力物力。与此同时，虽然在化工流程发展上出现了"相似模拟放大"和"规模效应放大"的理论，然而应用并不广泛，尤其是"规模效应放大"方法很少见实例。另外，在某些情况下如一些复杂的化学反应器，由于相似放大不研究化学变化规律，很难实现完全相似。后来也有人提出通过用"数学模拟放大"解决，但由于受计算工具的限制也无法实现，这些问题在电子计算技术广泛应用之后得到了解决。所谓"数学模拟放大"，就是用分析的方法来研究化工过程，并将分析的结果用数学方程式来表示化工过程的内在规律，再借助于电子计算机，进行化工放大设计。

作为在化工计算方面的应用主要有：①基础数据如化工原料的特性数据计算；②单元操作的设备结构计算；③单元操作工艺计算，包括系统最优化计算；④流程计算。

## 1.4.2 图形绘制

所谓计算机绘图，狭义地理解即为用计算机驱动绘图仪或打印机画出所需的图形。而事实上，在绘图输出之前，通常要把所画图形预先显示在计算机显示器上，以便人们对所画图形是否正确加以判断，一旦发现错误，即重新调试。这样就可将很多错误消灭在绘图输出之前，以保证所绘图形正确无误。所以计算机绘图可广泛地应用在化学工业中。

随着微电子技术的飞速发展，超大规模集成电路的成本不断降低，图形输出设备的种类和功能日益增强，价格也不断下降。图形输出设备按输出平台大体可分为图像显示器、数字化绘图仪和打印机。目前，市场上有各种规模适合各种需要的计算机图形软件出售，这些图形往往具有交互功能，操作者可利用鼠标、键盘方便地与计算机进行对话、输入和修改。

在化工设计中，计算机辅助设计绘图不但可以画工艺流程图、设备总装图、零件图，还可画设备布置图、工艺管线配管图，甚至可以画设备管线的三维图像和任一角度的投影。画图快速，图形工整、清晰，线条尺寸误差在 0.3mm 以内。

## 1.4.3　智能 CAD 与专家系统

CAD 不但能代替设计者的手工计算和绘图，而且计算速度快，精确度高，图纸质量好，代替大量人工劳动，能够完成人工所不能达到的复杂运算，而且某些软件能"辅导"一般设计人员进行分析、判断、决策，这就是智能 CAD。

专家系统是将设计专家的知识、经验加以分类，形成规划（软件），存入计算机，因此可以用计算机模拟设计专家的推理、判断、决策过程来解决设计问题。

## 1.4.4　化工过程仿真技术

化工生产行业具有显著的特殊性：工艺过程复杂、工艺参数较多、工艺条件要求十分严格，并伴有高温、高压、易燃、易爆、有毒、腐蚀等不安全因素。化工仿真技术是通过在计算机上进行开车、停车、事故处理等过程实现的操作方法和操作技能的仿真模拟手段。应用这一技术，可以模拟流程在不同工艺条件下运行时可能得到的结果，并对结果进行分析、优选，确定最佳工艺条件或最佳方案。因此，可大大节省过去由试验（小试与中试）探索最佳工艺条件所耗费的大量资金与时间。

# 第2章　化工设计计算及绘图基础

## 2.1　化工设计计算基础

### 2.1.1　物料衡算

物料衡算是化工设计计算中最基本、最重要的内容之一。设计设备决定其尺寸之前，要定出所处理的物料量。整个过程或其某一步骤中，原料、产物、副产物等量之间的关系，可通过物料衡算确定。

#### 2.1.1.1　物料衡算式

根据质量守恒定律可得，进入任何过程的物料质量，应等于从该过程离开的物料质量与积存于该过程中的物料质量之和，即：

$$输入＝输出＋累积 \tag{2-1a}$$

若此过程为稳态过程，其物料衡算关系便简化为：

$$输入＝输出 \tag{2-1b}$$

上述关系，可在整个过程的范围内使用，亦可在一个或几个设备的范围内使用。它既可针对全部物料运用，在没有化学反应发生时还可针对混合物的任一组分来运用。

#### 2.1.1.2　衡算步骤

① 画出简单过程流程图，用箭头指明进出料流，把有关的已知量、未知量标在图上；
② 写出化学方程式（如果有的话）；
③ 用一虚线框标明物料衡算范围；
④ 确定衡算对象，并选择计算基准；
⑤ 建立方程式求解。

### 2.1.2　热量衡算

化工生产中所需的能量以热能为主，用于改变物料的温度与聚集状态，以及提供反应所需热量等。若操作中有几种能量相互转化，则其间的关系可通过能量衡算确定；若只涉及到热能，能量衡算便简化为热量衡算。

#### 2.1.2.1　热量衡算式

根据能量守恒定律，对热量衡算可写成：

$$\sum Q_1 = \sum Q_O + \sum Q_L \tag{2-2}$$

式中　$\sum Q_1$——随物料进入系统的总热量；

$\sum Q_O$——随物料离开系统的总热量；

$\sum Q_\text{L}$——向系统周围散失的热量。

热量衡算中需要考虑的项目是进出设备的物料本身的焓与从外界加入或向外界输出的热量，有化学反应时则还包括反应所吸收或放出的热（反应热）。

#### 2.1.2.2 衡算基本方法及步骤

热量衡算有两种情况：一种是在设计时，根据给定的进出物料量及已知温度求另一股物料的未知物料量或温度，常用于计算换热设备的蒸汽用量或冷却水用量；另一种是在原有的装置上，对某个设备，利用实际测定（有时也要作一些相应的计算）的数据，计算出另一些不能或很难直接测定的热量或能量，由此对设备作出能量上的分析。如根据各股物料进出口量及温度，找出该设备的热利用和热损失情况。

热量衡算也需要确定基准，画出流程图，列出热量衡算表等。此外，由于焓值的大小与温度有关，因而热量衡算还要指明基准温度。物料的焓值常从 0℃ 算起，若以 0℃ 为基准，亦可不再指明。有时为方便计算，以进料温度或环境温度作为基准温度，或采用数据资料的基温（例如反应热的基温是 25℃），此时一定要指明。

### 2.1.3 物性数据的查取和估算

设计计算中的物性数据应尽可能使用实验测定值，此类数据从有关手册和文献中查取。有时手册上也以图表的形式提供某些物性的推算结果。常用的物性数据可由《化工原理》附录、《化工工艺手册》、《化工工艺算图》等工具书中查取。有些物性，特别是混合物的性质，查取困难，此时可用经验的方法估算和推算。在此着重介绍混合物物性数据的求法。

#### 2.1.3.1 密度

（1）混合液体的密度　混合液体的密度 $\rho_\text{m}$ 用下式计算：

$$\frac{1}{\rho_\text{m}} = \sum_{i=1}^{n} \frac{w_i}{\rho_i} \tag{2-3}$$

式中　$w_i$——混合液中 $i$ 组分的质量分数；

　　　$\rho_i$——混合液中 $i$ 组分的密度，$kg/m^3$。

（2）纯气体和混合气体密度

① 纯气体的密度。若纯气体的密度从手册中查不到时，可进行估算。压力不高时，就工程计算而言，可用 $pV=nRT$ 来计算纯气体（或蒸汽）的密度：

$$\rho = \frac{M}{22.4} \times \frac{273}{T} \times \frac{p}{1.013 \times 10^5} \tag{2-4}$$

式中　$\rho$——气体或蒸汽的密度，$kg/m^3$；

　　　$M$——气体或蒸汽的摩尔质量，$kg/kmol$；

　　　$p$——气体或蒸汽的绝对压力，$Pa$；

　　　$T$——气体或蒸汽的温度，$K$。

如压力较高或要求更高的精度，可用压缩因子法或其他方法进行处理，可参阅有关文献。

② 混合物气体的密度。混合物气体的密度可用下式计算：

$$\rho_\text{m} = \sum_{i=1}^{n} y_i \rho_i \tag{2-5}$$

式中   $y_i$——混合气体 $i$ 组分的摩尔分数；

      $\rho_i$——混合气体 $i$ 组分的密度，$kg/m^3$。

当混合气体压力不太高时，可按下式计算：

$$Q_m = pM_m/(RT) \tag{2-6}$$

式中   $p$——混合气体压力，Pa；

    $M_m$——混合气体的平均摩尔质量，kg/kmol；

    $T$——混合气体热力学温度，K；

    $R$——气体常数，$8.314kJ/(kmol \cdot K)$。

### 2.1.3.2 黏度

（1）混合液的黏度   对于互溶非缔合性混合液体，可用下列公式：

$$\lg\mu_m = \sum_{i=1}^{n} x_i \lg\mu_i \tag{2-7}$$

式中   $\mu_i$——与液体混合物同温度下 $i$ 组分的黏度，mPa·s；

    $x_i$——液体混合物中 $i$ 组分的摩尔分数。

也可用下列公式进行简单估算：

$$\mu_m = \sum_{i=1}^{n} x_i \mu_i \tag{2-8}$$

（2）纯气体黏度和混合气体的黏度

① 若纯气体的黏度从手册中查不到时，可采用下列工程估算式：

$$\mu = 5.29 \times 10^{-4} M^{0.5} p_c^{0.667} T_r \tag{2-9}$$

式中   $\mu$——低压下纯气体的黏度，mPa·s；

    $p_c$——临界压力，MPa；

    $T_r$——对比温度；

    $M$——纯气体的摩尔质量，kg/kmol。

② 低压下混合物气体的黏度可用平方根规律估算：

$$\mu_m = \frac{\sum\limits_{i=1}^{n} y_i \mu_i M_i^{0.5}}{\sum\limits_{i=1}^{n} y_i M_i^{0.5}} \tag{2-10}$$

式中   $\mu_m$——气体混合物的黏度，mPa·s；

    $M_i$——$i$ 组分的摩尔质量，kg/kmol；

    $y_i$——$i$ 组分的摩尔分数；

    $\mu_i$——$i$ 组分的黏度，mPa·s。

### 2.1.3.3 比热容

混合物的摩尔比热容用下述公式计算：

$$c_{pm} = \sum_{i=1}^{n} x_i M_i c_{pi} \tag{2-11}$$

式中   $c_{pm}$——混合物的比热容，$kJ/(kmol \cdot K)$；

    $M_i$——$i$ 组分的摩尔质量，kg/kmol；

$x_i$——$i$ 组分的摩尔分数；

$c_{pi}$——$i$ 组分的比热容，kJ/(kg·K)。

#### 2.1.3.4 汽化潜热

混合液体汽化潜热可按叠加法计算：

$$\gamma_m = \sum_{i=1}^{n} x_i \gamma_i \tag{2-12}$$

式中 $x_i$——$i$ 组分的摩尔分数；

$\gamma_i$——$i$ 组分的汽化潜热，kJ/kmol。

#### 2.1.3.5 热导率

（1）混合液体热导率

① 有机化合物的互溶混合物的热导率估算式为：

$$\lambda_m = \sum_{i=1}^{n} w_i \lambda_i \tag{2-13}$$

式中 $\lambda_m$——混合液体的热导率，W/(m·K)；

$w_i$——$i$ 组分的质量分数；

$\lambda_i$——$i$ 组分的热导率，W/(m·K)。

② 有机化合物的水溶液的热导率估算式为：

$$\lambda_m = 0.9 \sum_{i=1}^{n} w_i \lambda_i \tag{2-14}$$

（2）混合气体的热导率　低压混合气体的热导率估算式为：

$$\lambda_m = \frac{\sum_{i=1}^{n} \lambda_i y_i M_i^{1/3}}{\sum_{i=1}^{n} y_i M_i^{1/3}} \tag{2-15}$$

式中 $\lambda_i$——按系统总压力及温度考虑的 $i$ 组分的热导率，W/(m·K)；

$M_i$——混合气体中 $i$ 组分的摩尔质量，kg/kmol；

$y_i$——混合气体中 $i$ 组分的摩尔分数。

#### 2.1.3.6 表面张力

（1）非水溶液混合物　非水溶液混合物的表面张力一般用快速估算法：

$$\sigma_m = \sum_{i=1}^{n} x_i \sigma_i^{\gamma} \tag{2-16}$$

式中 $\sigma_i$——混合物中 $i$ 组分的表面张力，$10^{-3}$N/m；

$x_i$——液相中 $i$ 组分的摩尔分数。

对于大多数混合物 $\gamma=1$，若为了更好符合，$\gamma$ 可在 $-3\sim+1$ 之间选择。

（2）含水溶液的表面张力　有机分子中烃基是疏水性的，有机物在表面的浓度小于主体部分的浓度，因而当少量的有机物溶于水时，足以影响水的表面张力，如有机溶质含量不超过 1% 时，可应用下式求取溶液的表面张力 $\sigma$：

$$\sigma/\sigma_w = 1 - 0.411\lg\left(1+\frac{x}{\alpha}\right) \tag{2-17}$$

式中    $\sigma_w$——纯水的表面张力，$10^{-3}$ N/m；

          $x$——有机溶质的摩尔分数；

          $\alpha$——物性常数，见表 2-1。

表 2-1   式 (2-17) 中的物性常数 $\alpha$ 值

| 化合物 | $\alpha \times 10^4$ | 化合物 | $\alpha \times 10^4$ | 化合物 | $\alpha \times 10^4$ |
|---|---|---|---|---|---|
| 丙酸 | 26 | 异丁醇 | 7 | 异戊酸 | 1.7 |
| 正丙醇 | 26 | 甲醇丙酯 | 8.5 | 正戊醇 | 1.7 |
| 异丙醇 | 26 | 乙酸乙酯 | 8.5 | 异戊醇 | 1.7 |
| 乙酸甲酯 | 26 | 丙酸甲酯 | 8.5 | 丙酸丙酯 | 1.0 |
| 正丙胺 | 19 | 二乙酮 | 8.5 | 正己酸 | 0.75 |
| 甲乙酮 | 19 | 丙酸乙酯 | 3.1 | 正庚酸 | 0.17 |
| 正丁酸 | 7 | 乙酸丙酯 | 3.1 | 正辛酸 | 0.034 |
| 异丁酸 | 7 | 正戊酸 | 1.7 | 正癸酸 | 0.0025 |
| 正丁醇 | 7 | | | | |

二元有机物-水溶液的表面张力在宽浓度范围内可用下式求取：

$$\sigma_m^{1/4} = \varphi_{sw}\sigma_w^{1/4} + \varphi_{so}\sigma_o^{1/4} \tag{2-18}$$

式中 $\varphi_{sw} = x_{sw}V_w/V_s$，$\varphi_{so} = x_{so}V_o/V_s$。

并以下列关联式求出 $\varphi_{sw}$、$\varphi_{so}$：

$$B = \lg(\varphi_w^q/\varphi_o) \tag{2-19}$$

$$\varphi_{sw} + \varphi_{so} = 1 \tag{2-20}$$

$$A = B + Q \tag{2-21}$$

$$A = \lg(\varphi_{sw}^q + \varphi_{so}) \tag{2-22}$$

$$Q = 0.441(q/T)\left(\frac{\rho_o V_o^{2/3}}{q} - \rho_w V_w^{2/3}\right) \tag{2-23}$$

$$\varphi_w = x_w V_w/(x_w V_w + x_o V_o) \tag{2-24}$$

$$\varphi_o = x_o V_o/(x_w V_w + x_o V_o) \tag{2-25}$$

式中下角 w、o、s 分别指水、有机物及表面部分；$x_w$、$x_o$ 指主体部分的摩尔分数；$V_w$、$V_o$ 指主体部分的摩尔体积；$\sigma_w$、$\sigma_o$ 为纯水及有机物的表面张力。$q$ 值决定于有机物型式与分子的大小，见表 2-2。

表 2-2   某些物质的 $q$ 值

| 物   质 | $q$ | 举   例 |
|---|---|---|
| 脂肪酸、醇 | 碳原子数 | 乙醇 $q = 2$ |
| 酮类 | 碳原子数减一 | 丙酮 $q = 2$ |
| 脂肪酸的卤代衍生物 | 碳原子数乘以卤代衍生物与原脂肪酸摩尔体积之比 | 氯代乙醇 $q = 2\dfrac{V_s(氯代乙醇)}{V_s(乙酸)}$ |

若用于非水溶液，$q =$ 溶质体积/溶剂摩尔体积。本法对 14 个水系统，2 个醇-醇系统，

当 $q$ 值小于 5 时，误差小于 10%；$q$ 值大于 5 时，误差小于 20%。

（3）乙醇-水混合液的表面张力　对乙醇-水混合液，在 25℃ 时的表面张力可由图 2-1 很方便地查得。

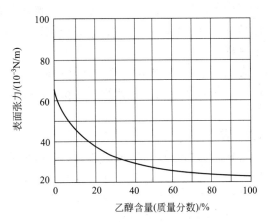

图 2-1　乙醇-水混合液的表面张力（25℃）

其他温度（$T_2$）下的表面张力（$\sigma_2$），可由已知温度（$T_1$）下的表面张力（$\sigma_1$），利用下式求得：

$$\frac{\sigma_2}{\sigma_1} = \left(\frac{T_c - T_2}{T_c - T_1}\right)^{1.2} \tag{2-26}$$

式中 $T_c$ 为混合物的临界温度，K。

当 $T_c$ 无法查到时，可用下式估算：

$$T_c = \sum x_i T_{ic} \tag{2-27}$$

式中　$T_c$——混合物的临界温度，K；

　　　$x_i$——$i$ 组分的摩尔分数；

　　　$T_{ic}$——$i$ 组分的临界温度，K（乙醇的临界温度为 516K，水的临界温度为 647.2K）。

## 2.2　化工设计绘图基础

化工工艺图和化工设备图是化工行业中常用的工程图样。

化工工艺图是以化工工艺人员为主导，根据所生产的化工产品及其有关技术数据和资料，设计并绘制的反映工艺流程的图样。化工工艺图的设计绘制是化工工艺人员进行工艺设计的主要内容，也是进行工艺安装和指导生产的重要技术文件。化工工艺人员以此为依据，向化工设备、土建、采暖通风、给排水、电气、自动控制及仪表等专业人员提出要求，以达到协调一致，密切配合，共同完成化工厂设计。化工工艺图主要包括工艺流程图、设备布置图和管道布置图。

化工设备图是表达化工设备的结构、形状、大小、性能和制造、安装等技术要求的工程图样。为了能完整、正确、清晰地表达化工设备，常用的图样有化工设备总图、装配图、部件图、零件图、管口方位图、表格图及预焊接件图，作为施工设计文件的还有工程图、通用图和标准图等。

### 2.2.1 工艺流程图的分类

工艺流程图用于表示出由原料到成品的整个生产过程中物料被加工的顺序以及各股物料的流向，同时表示出生产中所采用的化学反应、化工单元操作及设备之间的联系，据此可进一步制定化工管道流和计量-控制流程，它是化工过程技术经济评价的依据。在化工原理设计中主要绘制工艺流程图。

按照设计阶段不同，先后有工艺流程草（简）图（simplified flowsheet）、工艺物料流程图（process flowsheet）、带控制点的工艺流程图（process and control flowsheet）等种类。

#### 2.2.1.1 工艺流程草（简）图

工艺流程草（简）图是在工艺路线选定后定性地表达物料由原料到成品或半成品的工艺流程，以及所采用的各种化工过程及设备的一种流程图。它是一个半图解式的工艺流程图，只带有示意的性质，供化工计算时使用，不列入设计文件。

工艺流程草图主要包括以下两个方面的内容。

（1）设备 用示意图表示生产过程中所使用的机器、设备；用文字、字母、数字注写设备的名称和位号。

（2）工艺流程 用工艺流程线及文字定性地表达物料由原料到成品或半成品的工艺流程。

方案流程图一般只保留在设计说明书中，施工时不使用，因此，方案流程图的图幅无统一规定，图框和标题栏也可以省略。

#### 2.2.1.2 工艺物料流程图

工艺物料流程图是在工艺流程草（简）图的基础上，用图形与表格相结合的形式，反映设计中物料衡算和热量衡算结果的图样。物料流程图为审查提供资料，又是进一步设计的依据，同时它还可以为实际生产操作提供参考。工艺物料流程图列入初步设计阶段的设计文件中。

工艺物料流程图除了设备和工艺流程外，还包括以下两个方面。

（1）在设备位号及名称的下方加注了设备特性数据或参数，如换热设备的换热面积，塔设备的直径、高度，储罐的容积，机器的型号等。

（2）流程的起始处以及使物料产生变化的设备后，列表注明物料变化前后期组分的名称、流量（kg/h）、摩尔分数等参数及各项的总和，实际书写项目依具体情况而定。物料在流程中的一些工艺参数（如温度、压力等）可在流程线旁注写。表格线和指引线都用细实线绘制。

工艺物料流程图一般以车间为单位进行绘制，图形不一定按比例，但需要画出图框和标题栏，图幅大小要符合国家标准 GB/T 14689—1993 的相关规定。

#### 2.2.1.3 带控制点的工艺流程图

带控制点的工艺流程图是一种示意性的图样，它以形象的图形、符号、代号表示出化工设备、管路、附件和仪表自控等，借以表达出一个生产中物料及能量的变化始末。它是在物料流程图的基础上绘制出来的，可作为设计的正式成果列入初步设计阶段的设计文件中。

### 2.2.2 带控制点工艺流程图的绘制

#### 2.2.2.1 图的内容

（1）图形　将各设备的简单形状展开在同一平面上，再配以连接的主辅管线及管件、阀门、仪表控制点的符号。

（2）标注　注写设备位号及名称、管段编号、控制点代号、必要的尺寸、数据等。

（3）图例　代号、符号及其他标注的说明，有时还有设备位号索引等。

（4）标题栏　注写图名、图号、设计阶段。

#### 2.2.2.2 图的绘制范围

工艺流程图必须反映出全部工艺物料和产品所经过的设备。

（1）应全部反映出主要物料管路，并表达出进出装置界区的流向。

（2）冷却水、冷冻盐水、工艺用的压缩空气、蒸汽（不包括副产品蒸汽）及蒸汽冷凝液系统等的整套设备和管线不在图内表示，仅示意工艺设备使用点的进出位置。

（3）标出有助于用户确认及上级或有关领导审批用的一些工艺数据（例如：温度、压力、物流的质量流量或体积流量、密度、换热量等）。

（4）图上必要的说明和标注，并按图签规定签署。

（5）必须标注工艺设备，工艺物流线上的主要控制点及调节阀等，这里指的控制点包括被测变量的仪表功能（如调节、记录、指示、积算、连锁、报警、分析、检测等）。

#### 2.2.2.3 图的绘制步骤

（1）用细实线（0.3mm）画出设备简单外形，设备一般按 1：100 或 1：50 的比例绘制，如某种设备过高（如精馏塔），过大或过小，则可适当放大或缩小；常用设备外形可参照表 2-3，对于无示例的设备可绘出其象征性的简单外形，表明设备的特征即可。

表 2-3　工艺流程图中装备、设备图例（HG 20519.32—92）（摘录）

| 类别 | 代号 | 图　例 | | |
|---|---|---|---|---|
| 塔 | T | 板式塔 | 填料塔 | 喷洒塔 |
| 反应器 | R | 固定床反应器 | 列管式反应器 | 流化床反应器 |

| 类别 | 代号 | 图 例 |
|------|------|-------|
| 换热器 | E | 换热器(简图)　　固定管板式列管换热器　　U 形管式换热器<br><br>浮头式列管换热器　　套管式列管换热器　　釜式换热器 |
| 工业炉 | F | 圆筒炉　　圆筒炉　　箱式炉 |
| 容器 | V | 球罐　　锥顶罐　　圆形锥底容器　　卧式容器<br><br>除沫分离器　　旋风分离器　　干式气柜　　湿式气柜 |
| 泵 | P | 离心泵　　旋转泵、齿轮泵　　水环式真空泵　　旋涡泵<br><br>往复泵　　螺杆泵　　隔膜泵　　喷射泵 |

续表

| 类别 | 代号 | 图 例 |
|------|------|-------|
| 压缩机 | C | 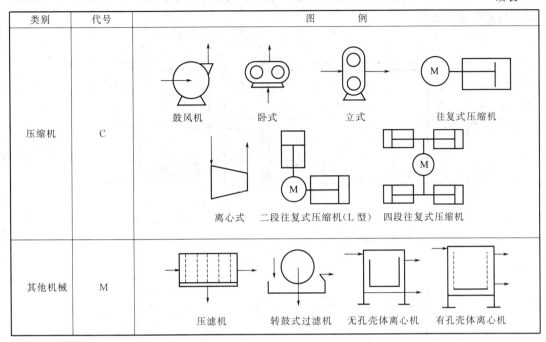 |
| 其他机械 | M | 压滤机　　转鼓式过滤机　　无孔壳体离心机　　有孔壳体离心机 |

（2）用粗实线（0.9mm）画出连接设备的主要物料管线，并注出流向箭头。

（3）物料平衡数据可直接在物料管道上用细实线引出并列成表。

（4）辅助物料管道（如冷却水、加热蒸汽等），用中粗实线（0.6mm）表示。

（5）设备的布置原则上按流程图由左至右，图上一律不标示设备的支脚、支架和平台等，一般情况下也不标注尺寸。

#### 2.2.2.4 图幅大小及格式

（1）图纸幅面尺寸　根据 GB/T 14689—1993 的规定，绘制技术图样时优先采用表 2-4 所规定的基本幅面（如图 2-2 所示）。必要时也允许选用符合规定的加长幅面。

表 2-4 图纸基本幅面尺寸

| 幅面代号 | A0 | A1 | A2 | A3 | A4 |
|----------|----|----|----|----|----|
| 尺寸 $B \times L$ | 841×1189 | 594×841 | 420×594 | 297×420 | 210×297 |

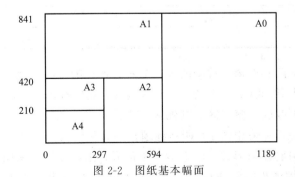

图 2-2　图纸基本幅面

（2）图框格式及标题栏位置　图框格式分为留装订边和不留装订边两种，同一产品只能采用同一种格式。图框线用粗实线绘制，留有装订边的图框格式如图 2-3 所示，不留装订边的图框格式如图 2-4 所示。

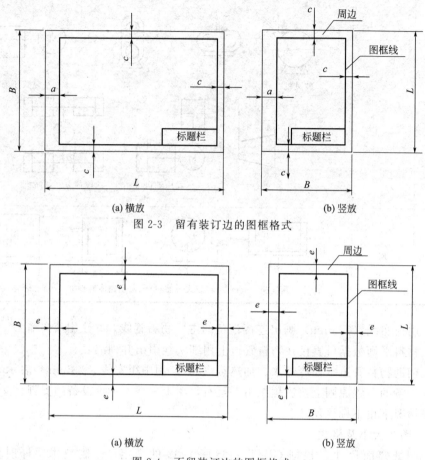

(a) 横放　　　　　　　　　　　　　　　　(b) 竖放

图 2-3　留有装订边的图框格式

(a) 横放　　　　　　　　　　　　　　　　(b) 竖放

图 2-4　不留装订边的图框格式

两种图框格式的尺寸按表 2-5 的规定。

表 2-5　图框尺寸

| 幅面代号 | A0 | A1 | A2 | A3 | A4 |
|---|---|---|---|---|---|
| $e$ | 20 | | | 10 | |
| $a$ | 10 | | | 5 | |
| $c$ | | | 25 | | |

标题栏位于图纸的右下角，看图的方向与看标题栏的方向一致。

（3）标题栏　国家标准 GB/T 14689—1993 规定了标题栏的组成、尺寸及格式等内容。

标题栏一般由更改区、签字区、其他区、名称及代号区组成，也可按实际需要增加或减少。学习阶段做练习可采用图 2-5 所示标题栏的简化格式。

流程图图样采用展开图形式。图形多呈长条形，因此图幅可采用标准幅面，一般采用 A1 或 A2 横幅，根据流程的复杂程度，也可以采用标准幅面加长或其他规格。加长后的长度以方便阅读为宜。原则上一个主项绘一张图样，若流程复杂，可按工艺过程分段分别

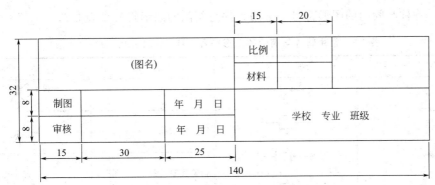

图 2-5 标题栏的简化格式

进行绘制，但应用同一图号。

#### 2.2.2.5 图的绘制比例

绘制工艺流程图的比例一般采用1：100或1：200。如设备过大或过小时，可单独适当缩小或放大。实际上，在保证图样清晰的条件下，图形可不必严格按比例画，因此，在标题栏中的"比例"一栏，不予注明。

#### 2.2.2.6 常见的图形符号和标注

（1）常见设备的图形符号及其标注

① 设备的图形符号。设备示意图用细实线画出设备外形和主要内部特征。目前，设备的图形符号已有统一规定，见表2-3。图上应标注设备的位号及名称。

② 设备分类代号。设备分类代号见表2-6。

表 2-6 单元设备分类代号

| 单 元 设 备 | 代 号 | 单 元 设 备 | 代 号 |
|---|---|---|---|
| 转化器、反应器、再生器 | R | 炉子 | F |
| 槽、储罐 | V | 换热器 | E |
| 泵 | P | 塔 | T |
| 特殊装置 | L | 管道 | M |
| 电气 | N | 压缩机、风机 | C |

③ 设备的标注。设备在图上应标注位号和名称，设备位号在整个系统内不得重复，且在所有工艺图上设备位号均需一致。位号组成如图2-6所示。

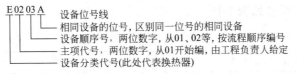

图 2-6 设备的标注

设备位号应在两个地方进行标注，一是在图的上方或下方，标注的位号排列要整齐，尽可能地排在相应设备的正上方或正下方，并在设备位号线下方标注设备的名称。二是在设备内或其近旁，此处仅注位号，不注名称。但对于流程简单、设备较少的流程图，也可直接从设备上用细实线引出，标注设备位号。

（2）管件与阀门的图形符号 常用管件与阀门的图形符号见表 2-7。

表 2-7 常用管件与阀门的图形符号（HG 20519.32—92）（摘录）

| 名 称 | 图 例 | 名 称 | 图 例 |
|---|---|---|---|
| Y 形过滤器 | | 三通旋塞阀 | |
| T 形过滤器 | | 四通旋塞阀 | |
| 锥形过滤器 | | 弹簧式安全阀 | |
| 阻火器 | | 杠杆式安全阀 | |
| 文氏管 | | 止回阀 | |
| 消音器 | | 直流截式阀 | |
| 喷射器 | | 底阀 | |
| 截止阀 | | 疏水阀 | |
| 节流阀 | | 敞口（封闭）漏斗 | 敞口 封闭 |
| 闸阀 | | | |
| 角式截止阀 | | 放空帽（管） | 帽 管 |
| 球阀 | | | |
| 隔膜阀 | | 同心异径管 | |
| 碟阀 | | 视镜 | |
| 减压阀 | | 爆破膜 | |
| 旋塞阀 | | 喷淋管 | |

（3）常见仪表参量代号及仪表图形符号 常见仪表参量代号见表 2-8，仪表功能代号见表 2-9，仪表图形符号见表 2-10。

表 2-8 仪表参量代号

| 参 量 | 代 号 | 参 量 | 代 号 | 参 量 | 代 号 |
|---|---|---|---|---|---|
| 温度 | $T$ | 质量（重量） | $m(W)$ | 频率 | $f$ |
| 温差 | $\Delta T$ | 转速 | $N$ | 位移 | $S$ |
| 压力（或真空） | $p$ | 浓度 | $c$ | 长度 | $L$ |
| 压差 | $\Delta p$ | 密度（相对密度） | $\rho(\gamma)$ | 热量 | $Q$ |
| 质量（或体积）流量 | $G$ | 湿度 | $\Phi$ | | |
| 液位（或料位） | $H$ | 厚度 | $\delta$ | | |

表 2-9  仪表功能代号

| 功 能 | 代 号 | 功 能 | 代 号 | 功 能 | 代 号 |
|------|------|------|------|------|------|
| 指示 | Z | 积算 | S | 连锁 | L |
| 记录 | J | 信号 | X | 变送 | B |
| 调节 | T | 手动控制 | K | | |

表 2-10  仪表图形符号

| 符号 | ○ | ⊖ | ⊕ | ⊼ | ⊻ | ⊡ | ⊟ | Ⓢ | Ⓜ | ⊗ | ▼ | ⊥ |
|------|---|---|---|---|---|---|---|---|---|---|---|---|
| 意义 | 就地安装 | 集中安装 | 通用执行机构 | 无弹簧气动阀 | 有弹簧气动阀 | 带定位气动阀 | 活塞执行机构 | 电磁执行机构 | 电动执行机构 | 变送器 | 转子流量计 | 孔板流量计 |

（4）流程图中的物料代号  流程图中物料的代号见表 2-11。

表 2-11  物料名称及代号

| 物料代号 | 物料名称 | 物料代号 | 物料名称 | 物料代号 | 物料名称 |
|---------|---------|---------|---------|---------|---------|
| A | 空气 | $G\overline{O}$ | 填料油 | pH | 氢离子浓度 |
| AM | 氨 | H | 氢 | PL | 工艺液体 |
| BD | 排污 | HM | 载热体 | PW | 工艺水 |
| BF | 锅炉给水 | HS | 高压蒸汽 | R | 冷冻剂 |
| BR | 盐水 | HW | 循环冷却水回水 | $R\overline{O}$ | 原料油 |
| CS | 化学污水 | IA | 仪表空气 | RW | 原水 |
| CW | 循环冷却水上水 | $L\overline{O}$ | 润滑油 | SC | 蒸汽冷凝水 |
| DM | 脱盐水 | LS | 低压蒸汽 | SL | 泥浆 |
| DR | 排液、排水 | MS | 中压蒸汽 | $S\overline{O}$ | 密封油 |
| DW | 饮用水 | NG | 天然气 | SW | 软水 |
| F | 火炬排放气 | N | 氮 | TS | 伴热蒸汽 |
| FG | 燃料气 | $\overline{O}$ | 氧 | VE | 真空排放气 |
| $F\overline{O}$ | 燃料油 | PA | 工艺空气 | VT | 空气 |
| FS | 熔盐 | PG | 工艺气体 | | |

注：物料代号中如遇英文字母"O"应写成"$\overline{O}$"；在工程设计中遇到本规定以外的物料时，可予以补充代号，但不得与上列代号相同。

（5）管道流程线表示及标注

① 管道流程线的画法。有关的管道流程线的规定画法见表 2-12。绘制管线时，为使图面美观，管线应横平竖直，不用斜线。图上管道拐弯处，一般画成直角而不是圆弧形。所有管线不可横穿设备，同时，应尽力避免交叉，不能避免时，采用一线断开画法。采用这种画法时，一般规定"细让粗"，当同类物料管道交叉时尽量统一，即全部"横让竖"或"竖让横"。

表 2-12  工艺流程图中管道的图例（HG 20519.32—92）（摘录）

| 名　称 | 图　例 | 备　注 |
|-------|-------|-------|
| 工艺物料管道 | ▬▬▬ | 粗实线 |
| 辅助物料管道 | ━━━ | 中实线 |
| 引线、设备、管件、阀门、仪表等图例 | ─── | 细实线 |
| 原有管道 | ──── | 管线宽度与其相接的新管线宽度相同 |
| 可拆短管 | ─ ─ ─ ─ | |

② 管道的标注。管道标注内容包括：管道号、管径和管道等级三部分。其中前两部分为一组，其间用一短横线隔开。管道等级为另一组，组间留适当空隙。其标注内容见图 2-7。

图 2-7　管道标注

管道：包括物料代号、主项代号、管道顺序号。常见物料代号见表 2-11。对于物料在表中无规定的，可采用英文代号补充，但不得与规定代号相同。主项代号用两位数字 01、02……表示，应与设备位号的主项代号一致。管段序号按生产流向依次编号，采用两位数字 01、02……表示。

管径：一般标注公称直径，有时也注明管径、壁厚，公制管径以 mm 为单位只注数字，不注单位，英制管径以英寸为单位，需标注英寸的符号如 in。但在标注公制管径时，必须标注外径×厚度，如 PW0502-50×2.5。

管道等级：管道按温度、压力、介质腐蚀等情况，预先设计各种不同管材规格，作出等级规定。在管道等级与材料选用表尚未实施前可暂不标注。

③ 标注方法。一般情况下，横向管道标注在管道上方，竖向管道标注在管道左侧。

### 2.2.3　主体设备工艺条件图

主体设备是指在每个单元操作中处于核心地位的关键设备。在设备工艺计算完成后，要填写设备的条件表，其中包括设备简图、技术特性和接管尺寸。化工设备图的绘制，是由设备专业人员进行设计完成的，其设计依据就是工艺人员提供的"设备工艺条件图"。

主体设备工艺条件图是将设备的结构设计和工艺尺寸的计算结果用一张总图表示出来。该图提供了设备的全部工艺要求。图面上应包括如下内容。

（1）设备图形　指主要尺寸（外形尺寸、结构尺寸、连接尺寸）、接管、人孔等。

（2）技术特性　指装置的用途、生产能力、最大允许压力、最高介质温度、介质的毒性和爆炸危险性。

（3）接管口表　注明各管口符号、公称尺寸、连接尺寸和用途等。

（4）设备组成一览表　注明组成设备的各部件的名称等。

### 2.2.4　设备装配图

#### 2.2.4.1　化工设备图常用表达方法

化工设备的基本形体多为回转体，故常采用两个基本视图，再配以局部视图来表达。装配图上除了标题栏明细表和技术要求之外，还有管口表和技术特征表。

（1）基本视图表达方法　对立式设备，常用主视图表达轴向形体，且常作全剖，用俯视图表达径向形体。对于高大的设备也可横卧来画，与卧式设备表达方法相同，以主视图表达轴向形体，用左（右）视图表达径向形体。对特别高大或狭长的设备，如果视图难以按投影位置放置时，允许将俯视（左视）图绘制在图样的其他空处，但必须注明"俯（左）视图"或"X 向"等字样。当设备需较多视图才能表达完整时，允许将部分视图画在数张图纸上，但主视图及该设备的明细表、技术要求、技术特性表、管口表等均应安排在第一张图纸上，同时在每张图纸上应说明视图间的关系。

（2）局部放大表达　按总体尺寸选定的绘图比例，往往无法将其局部结构表达清楚，因此常用局部放大图（又称节点放大图）来表示局部详细结构，局部放大图常用剖视、剖面来表达，也可用一组视图来表达。

（3）夸大表达 某些部位因绘图比例较小，可采用不按比例的夸大画法，如设备的壁厚常用双线夸大地画出，剖面线符号用涂色方法来代替。

（4）多次旋转表达 为了在同一主视图上反映出结构方位不同的管口和零部件的真实形状和位置，在化工设备图中常采用多次旋转画法，并允许不作旋转方向标注，但其周向方位应以管口方位图或以俯（左）视图为准。当旋转后出现图形重叠现象时应改用局部视图等方法另行画出。

此外，设备中如有若干个结构相同仅尺寸不同的零部件时，可集中综合列表表达它们的尺寸。

#### 2.2.4.2 设备装置图

设备装置图一般包括主视图、俯视图、剖面图和两个局部放大图，此外还包括设备技术要求、主要参数、接管表、部件明细表、标题栏。

（1）装配图内容 装配图一般包括下列内容。

① 视图。视图是图样的主要内容。根据设备复杂程度，采用一组视图，从不同的方向清楚表示设备的主要结构形状和零部件之间的装配关系。视图采用正投影方法，按国家标准的要求绘制。

② 尺寸。图上应注写必要的尺寸，作为设备制造、装配、安装检验的依据。这些尺寸主要有表示设备总体大小的总体尺寸，表示规格大小的特性尺寸，表示零部件之间装配关系的装配尺寸，表示设备与外界安装关系的安装尺寸。注写这些尺寸时，除数据本身要绝对正确外，标注的位置方向等都应严格按规定来处理。如尺寸应尽量安排在视图的右侧和下方，数字在尺寸线的左侧或上方。不允许标注封闭尺寸，参考尺寸和外形尺寸例外。尺寸标注的基准面一般从设计要求的结构基准面开始，并应考虑所注尺寸便于检查。

③ 零部件编号及明细表。将图上组成该设备的所有零部件依次用数字编号。并按编号顺序在明细栏（在主标题栏上方）中从下向上逐一填写每一个编号的零部件的名称、规格、材料、数量、质量及有关图号或标准号等内容。

④ 管口符号及管口表。设备上所有管口均须用英文小写字母依次在主视图和管口方位图上对应注明符号。并在管口表中从上向下逐一填写每一个管口的尺寸、连接尺寸及标准、连接面形式、用途或名称等内容。

⑤ 技术特性表。用表格形式表达设备的制造检验主要数据。

⑥ 技术要求。用文字形式说明图样中不能表示出来的要求。

⑦ 标题栏。位于图样右下角，用以填写设备名称、主要规格、制图比例、设计单位、设计阶段、图样编号以及设计、制图、校审等有关责任人签字等项内容。

（2）装配图绘制方法和步骤 装配图绘制方法和步骤大致如下：

① 选定视图表示方案、绘图比例和图面安排；

② 绘制视图底稿；

③ 标注尺寸和焊缝代号；

④ 编排零部件件号和管口符号；

⑤ 填写明细栏、管口表、制造检验主要数据表；

⑥ 编写图面技术要求、标题栏；

⑦ 全面校核、审定后，画剖面线后重描；

⑧ 编制零部件图。

以上是一般绘图步骤，有时每步之间相互穿插。

应予指出，以上设计全过程统称为设备的工艺设计。完整的设备设计，应在上述工艺设计基础上再进行机械强度设计，最后提供可供加工制造的施工图。这一环节在高等院校的教学中，属于过程设备与装置专业的专业课程，在设计部门则属于机械设计组的职责。

由于时间所限，本课程设计仅要求提供初步设计阶段的带控制点的工艺流程图和主体设备的工艺条件图。

# 第 3 章　板式塔的设计

## 3.1　概述

### 3.1.1　精馏操作对塔设备的要求

精馏所进行的是气、液两相之间的传质，而作为气、液两相传质所用的塔设备，首先必须要能使气、液两相得到充分的接触，以达到较高的传质效率。但是，为了满足工业生产需要，塔设备还得具备下列各种基本要求。

（1）气、液处理量大，即生产能力大时，仍不致发生大量的雾沫夹带、拦液或液泛等破坏操作的现象。

（2）操作稳定，弹性大，即当塔设备的气、液负荷有较大范围的变动时，仍能在较高的传质效率下进行稳定的操作并应保证长期连续操作所必须具有的可靠性。

（3）流体流动的阻力小，即流体流经塔设备的压降小，这将大大节省动力消耗，从而降低操作费用。对于减压精馏操作，过大的压降还将使整个系统无法维持必要的真空度，最终破坏物系的操作。

（4）结构简单，材料耗用量小，制造和安装容易。

（5）耐腐蚀和不易堵塞，方便操作、调节和检修。

（6）塔内的滞留量要小。

实际上，任何塔设备都难以满足上述所有要求，况且上述要求中有些也是互相矛盾的。不同的塔型各有某些独特的优点，设计时应根据物系的性质和具体要求，抓住主要矛盾进行选型。

### 3.1.2　板式塔的类型

气-液传质设备主要分为板式塔和填料塔两大类。精馏操作既可采用板式塔，也可采用填料塔，本章将着重介绍板式塔。

板式塔为逐级接触型气-液传质设备，其种类繁多，根据塔板上气-液接触元件的不同，可分为泡罩塔、浮阀塔、筛板塔、穿流多孔板塔、舌形塔、浮动舌形塔和浮动喷射塔等多种。

#### 3.1.2.1　泡罩塔

泡罩塔板是工业上应用最早的塔板（1813 年），它主要由升气管及泡罩构成。泡罩安装在升气管的顶部，分圆形和条形两种，以前者使用较广。泡罩有 $\phi 80\text{mm}$、$\phi 100\text{mm}$、$\phi 150\text{mm}$ 三种尺寸，可根据塔径的大小选择。泡罩的下部周边开有很多齿缝，齿缝一般为三角形、矩形或梯形。泡罩在塔板上为正三角形排列。

操作时，液体横向流过塔板，靠溢流堰保持板上有一定厚度的液层，齿缝浸没于液层之中而形成液封。升气管的顶部应高于泡罩齿缝的上沿，以防止液体从中漏下。上升气体通过齿缝进入液层时，被分散成许多细小的气泡或流股，在板上形成鼓泡层，为气液两相的传热和传质提供大量的界面。

泡罩塔板的优点是操作弹性较大，塔板不易堵塞；缺点是结构复杂、造价高，板上液层厚，塔板压降大，生产能力及板效率较低。泡罩塔板已逐渐被筛板、浮阀塔板所取代，在新建塔设备中已很少采用。

#### 3.1.2.2 筛板塔

筛板塔也是传质过程常用的塔设备，它的主要优点有：①结构比浮阀塔更简单，易于加工，造价约为泡罩塔的 60%，为浮阀塔的 80% 左右；②处理能力大，比同塔径的泡罩塔可增加 10%～15%；③塔板效率高，比泡罩塔高 15% 左右；④压降较低，每板压力比泡罩塔约低 30% 左右。

筛板塔的缺点是：①塔板安装的水平度要求较高，否则气液接触不匀；②操作弹性较小（约 2～3）；③小孔筛板容易堵塞。

#### 3.1.2.3 浮阀塔

浮阀塔是在泡罩塔的基础上发展起来的，它主要的改进是取消了升气管和泡罩，在塔板开孔上设有浮动的浮阀，浮阀可根据气体流量上下浮动，自行调节，使气缝速度稳定在某一数值。这一改进使浮阀塔在操作弹性、塔板效率、压降、生产能力以及设备造价等方面比泡罩塔优越。但在处理黏稠度大的物料方面，又不及泡罩塔可靠。浮阀塔广泛用于精馏、吸收以及脱吸等传质过程中。塔径从 200mm 到 6400mm，使用效果均较好。国外浮阀塔径，大者可达 10m，塔高可达 80m，板数有的多达数百块。浮阀塔的类型很多，国内常用的有 F1 型、V-4 型及 T 型等，其中以 F1 型浮阀应用最为普遍。近年来研究开发出的新型浮阀有船型浮阀、管型浮阀、梯型浮阀、双层浮阀、V-V 型浮阀、混合浮阀等，其共同的特点是加强了流体的导向作用和气体的分散作用，使气液两相的流动更趋于合理，操作弹性和塔板效率得到进一步的提高。但应指出，在工业应用中，目前还多采用 F1 型浮阀，其原因是 F1 型浮阀已有系列化标准，各种设计数据完善，便于设计和对比。

浮阀塔特点：①处理能力大，比同塔径的泡罩塔可增加 20%～40%，而接近于筛板塔；②操作弹性大，一般约为 5～9，比筛板、泡罩和舌形塔板的操作弹性要大得多；③塔板效率高，比泡罩塔高 15% 左右；④压力小，在常压塔中每块板的压降一般为 400～660N/m²；⑤液面梯度小；⑥使用周期长，黏度稍大以及有一般聚合现象的系统也能正常操作；⑦结构简单，安装容易，制造费为泡罩塔板的 60%～80%，为筛板塔的 120%～130%。

目前从国内外实际使用情况看，主要的塔板类型为浮阀塔、筛板塔及泡罩塔，而前两者使用尤为广泛，因此，本章只讨论浮阀塔与筛板塔的设计。

### 3.1.3 精馏塔设计的内容及要求

#### 3.1.3.1 精馏塔设计的内容

（1）设计方案确定和说明。根据给定任务，对精馏装置的流程、操作条件、主要设备型式及其材质的选取等进行论述。

（2）精馏塔的工艺计算，确定塔高和塔径。

（3）计算塔板各主要工艺尺寸，进行流体力学校核计算。并画出塔板的操作负荷性能图。

（4）管路及附属设备如再沸器、冷凝器的计算与选型。

（5）抄写说明书。

（6）绘制精馏装置工艺流程图和精馏塔的设备图。

#### 3.1.3.2 绘图要求

（1）绘制二元体系的 $y$-$x$ 图，用图解法求取理论塔板数，并画出塔板的操作负荷性能图。

（2）绘制精馏装置工艺流程图。

（3）绘制精馏塔工艺条件图；对于板式精馏塔还需绘制塔板结构图（包括正视图和俯视图）。

## 3.2 设计方案的确定

确定设计方案是指确定精馏装置的流程、设备的结构型式及一些操作指标。例如组分的分离顺序、操作压力、进料热状态、塔顶蒸汽的冷凝方式及测量控制仪表的设置等。

### 3.2.1 流程的确定

（1）**物料的储存和输送** 在流程中应设置原料槽、产品槽及离心泵。原料可由泵直接送入塔内，也可以通过高位槽送料，以免受泵操作波动的影响。为使过程连续稳定地进行，产品还需用泵送入下一工序。

（2）**参数的检测和调控** 流量、压力和温度等是生产中的重要参数，必须在流程中的适当位置装设仪表，以测量这些参数。

同时，实际生产过程中，物流的状态（流率、温度、压力）、加热剂和冷却剂的状态都不可能避免地会有一定程度的波动，因此必须在流程中设置一定的阀门（手动或自动）进行调节，以适应这种波动，保证产品达到规定的要求。

（3）**热能的利用** 精馏过程是组分多次气化和多次冷凝的过程，耗能较多，如何节约和合理利用精馏过程本身的热能是十分重要的。

选取适宜的回流比，使过程处于最佳条件下进行，可使能耗降至最低。与此同时，合理利用精馏过程本身的热能也是节约的重要举措。

若不计进料、馏出液和釜液间的焓差，塔顶冷凝器所输出的热量近似等于塔底再沸器所输入的热量，其数量是相当可观的。然而，在大多数情况下，这部分热量由冷却剂带走而损失。如果采用釜液产品去预热原料，塔顶蒸汽的冷凝潜热去加热能级低一些的物料，可以将塔顶蒸汽冷凝潜热及釜液产品的余热充分利用。

此外，通过蒸馏系统的合理设置，也可以取得节能的效果。例如，采用中间再沸器和中间冷凝器的流程，可以提高精馏塔的热力学效率。因为设置中间再沸器，可以利用温度比塔底低的热源，而中间冷凝器则可回收温度比塔顶高的热量。

### 3.2.2　操作条件的确定

#### 3.2.2.1　加热方式

蒸馏釜的加热方式通常包括间接蒸汽加热和直接蒸汽加热两种。一般情况下，塔底产物基本上是水，且在低浓度下溶液的相对挥发度较大时（如乙醇-水混合物）便可采用直接蒸汽加热。直接蒸汽加热的优点是可利用压力较低的蒸汽进行加热，在釜内只需安装鼓泡管而可节省设备费用。然而，在直接蒸汽加热中，由于蒸汽的不断通入对塔底溶液的稀释作用，在塔底易挥发物损失量相同的情况下，与间接蒸汽加热相比较，其塔底残液中易挥发组分的浓度通常较低，因而塔板数稍有增加。

值得提及的是，采用直接蒸汽加热时，加热蒸汽的压力要高于釜中的压力，以便克服蒸汽喷出小孔的阻力及釜中的液柱静压力。对于乙醇-水二元体系一般采用 $0.4 \sim 0.7 \text{kPa}$（表压）。

饱和水蒸气的冷凝潜热较大，价格较低廉，温度可通过压力调节，因此通常用饱和水蒸气作为加热剂。当采用饱和水蒸气作为加热剂时，选用较高的蒸汽压力，可以提高传热温度差，从而提高传热效率，但蒸汽压力的提高对锅炉提出了更高的要求。同时对于釜液的沸腾，温度差过大，形成膜状沸腾，反而对传热不利。但若要求加热温度超过 $180^\circ\text{C}$ 时，应考虑采用其他的加热剂。

#### 3.2.2.2　进料状态

进料状态与塔板数、塔径、塔的热负荷及回流量均有密切的联系。在实际的生产过程中进料状态有多种，但一般都将料液预热到泡点或接近泡点才送入塔中，其主要原因是由于此时塔的操作比较容易控制且不致受季节气温的影响；在泡点进料时，精馏段与提馏段的塔径相同，为设计和制造上提供了方便。

#### 3.2.2.3　操作压力

蒸馏操作可在常压、加压和减压下进行。确定操作压力时，必须根据所处理物料的性质，兼顾技术上的可行性和经济上的合理性进行综合考虑。当物性无特殊要求时，一般是在稍高于大气压下操作。对于低沸点、在常压下为气态的物料，则应在加压下进行蒸馏；采用减压操作有利于分离相对挥发度较大组分及热敏性的物料，但操作压力的降低将导致塔径增加，同时还需要附加抽真空的设备。

#### 3.2.2.4　冷却剂与出口温度

冷却剂的选择由塔顶蒸气温度决定。如果能用常温水作冷却剂是最经济的。水的入口温度由气温决定，出口温度由设计者确定。冷却水出口温度尽量取得高些，这样可以减少冷却剂的消耗，但同时由于温度差较小使得传热面积增加。但是，冷却水出口温度的选择还需考虑当地的水资源状况，一般不宜超过 $50^\circ\text{C}$，否则溶于水中的无机盐将析出，生成水垢附着在换热器的表面而影响传热。

### 3.2.3　确定设计方案的原则

确定设计方案总的原则是指尽量采用科学技术上的最新成就，使生产达到技术上最先进、经济上最合理的要求，符合优质、高产、安全、低消耗的原则。为此，必须具体考虑如下几点。

（1）满足工艺和操作的要求　所设计出来的流程和设备，首先必须保证产品达到任务规定的要求，而且质量要稳定，这就要求各流体的流量和压头稳定，入塔料液的温度和状态稳定，从而需要采取相应的措施；其次所定的设计方案需要有一定的操作弹性，以便各处流量能在一定范围内进行调节，因此，在必要的位置上安装调节阀门，在管路中安装备用支线；再者，需要考虑必要装置的仪表（如温度计、流量计等）及装置的位置，以便能通过这些仪表来观测生产过程是否正常，从而帮助找出不正常的原因，以便采取相应措施。

（2）满足经济上的要求　在满足工艺和操作要求基础上要尽可能节省热能和电能的消耗，减少设备及基建费用。例如，在蒸馏过程中如能适当地利用塔顶、塔底的废热，就能节约很多生蒸汽和冷却水，也能减少电能消耗。又如冷却水出口温度的高低，不仅会影响冷却水用量，而且会影响所需传热面积的大小，即对操作费和设备费均有影响。同样，操作回流比的大小对操作费和设备费也有很大影响。

（3）保证安全生产的要求　例如乙醇属于易燃物料，不能让其蒸气弥漫车间，也不能使用容易发生火花的设备。又如，塔指定在常压下操作，塔内压力过大或塔骤冷而产生真空，都会使塔受到破坏，因而需要配备安全装置。

以上三项原则在生产中同样重要。但在化工原理课程设计中，对第一个原则应作较多的考虑，对第二个原则只作定性的考虑，而对第三个原则只要求作一般的考虑。

# 3.3　板式精馏塔的工艺计算

精馏塔的工艺设计计算，包括塔高、塔径、塔板各部分尺寸的设计计算，塔板的布置，塔板流体力学性能的校核及绘出塔板的性能负荷图。

## 3.3.1　物料衡算与操作线方程

通过全塔物料衡算，可求出精馏产品的流量、组成和进料流量、组成之间的关系。物料衡算主要解决以下问题：

（1）根据设计任务所给定的处理原料量、原料浓度及分离要求（塔顶、塔底产品的浓度）计算出每小时塔顶、塔底的产量；

（2）在加料热状态 $q$ 和回流比 $R$ 选定后，分别计算出精馏段和提馏段的上升蒸气量和下降液体量；

（3）写出精馏段和提馏段的操作线方程，通过物料衡算可以确定精馏塔中各股物料的流量和组成情况及塔内各段的上升蒸气量和下降液体量，为计算理论塔板数及塔径和塔板结构参数提供依据。

通常，原料量和产量的计量单位都以 kg/h 或 t/a 表示，但在理论塔板计算时均须转换为 kmol/h。在设计时，气液流量必须用 $m^3/s$ 来表示。因此要注意不同的场合应使用不同的流量单位。

### 3.3.1.1　常规塔

常规塔指仅有一股进料，塔顶、塔底各有一种产品，且塔釜为间接水蒸气加热的精馏塔。

(1) 全塔总物料衡算

总物料
$$q_{n,F} = q_{n,D} + q_{n,W} \tag{3-1}$$

易挥发组分
$$q_{n,F} x_F = q_{n,D} x_D + q_{n,W} x_W \tag{3-2}$$

若以塔顶易挥发组分为主要产品，则回收率 $\eta$ 为：

$$\eta = \frac{q_{n,D} x_D}{q_{n,F} x_F} \times 100\% \tag{3-3}$$

式中　$q_{n,F}$、$q_{n,D}$、$q_{n,W}$——分别为原料液、馏出液和釜残液流量，kmol/h；

$x_F$、$x_D$、$x_W$——分别为原料液、馏出液和釜残液中易挥发组分的摩尔分数。

(2) 操作线方程

① 精馏段

上升蒸汽量
$$q_{n,V} = (R+1) q_{n,D} \tag{3-4}$$

下降液体量
$$q_{n,L} = R q_{n,D} \tag{3-5}$$

操作线方程
$$y_{n+1} = \frac{q_{n,L}}{q_{n,V}} x_n + \frac{q_{n,D}}{q_{n,V}} x_D \tag{3-6}$$

式中　$R$——回流比；

$x_n$——精馏段内第 $n$ 层板下降液体中易挥发组分的摩尔分数；

$y_{n+1}$——精馏段内第 $n+1$ 层板上升蒸汽中易挥发组分的摩尔分数。

② 提馏段

上升蒸汽量
$$q_{n,V'} = (R+1) q_{n,D} - (1-q) q_{n,F} \tag{3-7}$$

或
$$q_{n,V'} = q_{n,L} + q q_{n,F} - q_{n,W} \tag{3-8}$$

下降液体量
$$q_{n,L'} = R q_{n,D} + q q_{n,F} \tag{3-9}$$

操作线方程
$$y'_{m+1} = \frac{q_{n,L} + q q_{n,F}}{q_{n,L} + q q_{n,F} - q_{n,W}} x'_m - \frac{q_{n,W}}{q_{n,L} + q q_{n,F} - q_{n,W}} x_W \tag{3-10}$$

式中　$x'_m$——提馏段内第 $m$ 层板下降液体中易挥发组分摩尔分数；

$y'_{m+1}$——提馏段内第 $m+1$ 层板上升蒸汽中易挥发组分摩尔分数。

(3) 进料线方程 ($q$ 线方程)

$$y = \frac{q}{q-1} x - \frac{x_F}{q-1} \tag{3-11}$$

### 3.3.1.2　直接蒸汽加热

(1) 全塔总物料衡算

总物料
$$q_{n,L'} + q_{n,V_0} = q_{n,V'} + q_{n,W^*} \tag{3-12}$$

易挥发组分
$$q_{n,L'} x'_m + q_{n,V_0} y_0 = q_{n,V'} y'_{m+1} + q_{n,W} x_W^* \tag{3-13}$$

式中　$q_{n,V_0}$——直接加热蒸汽的流量，kmol/h；

$y_0$——加热蒸汽中易挥发组分的摩尔分数，一般 $y_0 = 0$；

$q_{n,W^*}$——直接蒸汽加热时釜液流量，kmol/h；

$x_W^*$——直接蒸汽加热时釜液中易挥发组分的摩尔分数。

由式(3-12) 和式(3-13) 得：

$$q_{n,W^*} = q_{n,W} + q_{n,V_0} \tag{3-14}$$

$$x_W^* = \frac{q_{n,W}}{q_{n,W} + q_{n,V_0}} x_W \tag{3-15}$$

（2）操作线方程

① 精馏段。操作线方程同常规塔。

② 提馏段。操作线方程

$$y'_{m+1} = \frac{q_{n,W}}{q_{n,V_0}} x'_m - \frac{q_{n,W}}{q_{n,V_0}} x_W \tag{3-16}$$

直接蒸汽加热时，当 $y'_{m+1} = 0$ 时，$x'_m = x_W$，提馏段操作线与 $x$ 轴相交于点（$x_W$, 0）。

## 3.3.2 塔主要部位（塔顶、进料板和塔底）的压力和温度

塔主要部位的压力和温度是求取塔板数和进行塔板设计的重要依据，有关操作压力的选择见 3.2.2。在设计任务书中给定的操作压力通常是指塔顶压力。由于塔板压降，从塔顶到塔底的压力逐渐增加，温度也相应变化（由物料组成变化和压力变化两个因素同时作用的结果），因而沿塔物性和气相负荷也随之而变。特别是真空操作的精馏塔，设计时务必注意这一点，由于沿塔从上到下压力分布与塔板的结构形式、气液负荷、气液特性等多种因素有关，很难直接计算，一般是先假设，再校核，经多次试差后才能确定。

对于常压或加压操作的精馏塔，如单板压降不是很大，在工艺计算时可假定全塔各处压力相等。这样简化处理误差不大，却给工艺计算带来很大方便。若单板压降较大，则要先分别计算塔顶、进料板、塔底的压力，然后再用试差法计算各处的温度。

### 3.3.2.1 理想体系

（1）塔顶压力和塔顶温度

塔顶压力 $\qquad\qquad\qquad p_D = p_表 + p_a$

式中 $\quad p_表$——塔顶表压，kPa；

$\qquad p_a$——大气压力，kPa。

塔顶温度 $t_D$，要根据下述公式进行试差：

$$p_D = p_A^* x_A + p_B^* x_B \tag{3-17}$$

式中 $p_A^*$、$p_B^*$ 分别为塔顶温度下 A、B 组分的饱和蒸气压，kPa。

饱和蒸气压 $p^*$ 可由 Antoine 方程计算：

$$\lg p^* = A - \frac{B}{t+C} \tag{3-18}$$

式中 $\quad t$——物系温度，℃；

$\qquad p^*$——饱和蒸气压，kPa；

$A$、$B$、$C$——Antoine 常数，其值见附录 1。

（2）塔底压力和塔底温度

塔底压力 $\qquad\qquad\qquad p_W = p_D + N_{p,n}\Delta p$

式中 $\quad N_{p,n}$——实际塔板数；

$\qquad \Delta p$——单板压降，kPa。

塔底温度 $t_W$ 可通过用与求塔顶温度 $t_D$ 相同的方法进行试差求得。

（3）进料板的压力和温度

进料板压力
$$p_F = \frac{p_D + p_W}{2}$$

进料板温度
$$t_F = \frac{t_D + t_W}{2}$$

### 3.3.2.2　非理想体系

对非理想体系，塔顶、塔底压力的求法与理想体系相同；但塔底、塔顶温度的计算则要用修正的拉乌尔定律：

$$p = \gamma_A p_A^* x_A + \gamma_B p_B^* (1 - x_A) \tag{3-19}$$

式中　　$p$——操作压力；

$x_A$——液体的摩尔分数；

$p_A^*$、$p_B^*$——分别为纯组分 A、B 的饱和蒸气压；

$\gamma_A$、$\gamma_B$——分别为组分 A、B 的活度系数。

压力、温度和浓度对活度系数的数值都有影响，但压力的影响很小，一般可以忽略。温度对活度的影响可按下面的经验公式估算，即：

$$T \lg \gamma = 常数$$

式中常数对不同物系、不同组成，其值不同，可用一组已知数据求取。求取的步骤如下。

（1）按已知的液相组成 $x_A$ 在常压 $t$-$x$-$y$ 相图上查出温度 $t_0$ 及气相组成 $y_A$。

（2）Antoine 方程分别计算出 $t_0$ 温度下的饱和蒸气压（$p_A^0$、$p_B^0$）。

（3）用修正的拉乌尔定律计算活度系数：

$$\gamma_A^0 = \frac{p y_A}{p_A^* x_A} \tag{3-20}$$

$$\gamma_B^0 = \frac{p (1 - y_A)}{p_B^* (1 - x_A)} \tag{3-21}$$

（4）对组分 A 及 B 的常数分别用 $c_A$ 及 $c_B$ 表示，于是：

$$c_A = T_0 \lg \gamma_A^0 \tag{3-22}$$

$$c_B = T_0 \lg \gamma_B^0 \tag{3-23}$$

（5）液相组成为 $x_A$ 的 A、B 两种组分的活度系数可表示如下：

$$T \lg \gamma_A = c_A \tag{3-24}$$

$$T \lg \gamma_B = c_B \tag{3-25}$$

已确定的液相组成的塔板温度可由式（3-19）～式（3-21）及 Antoine 方程求取，步骤如下：

（1）设初始温度为 $t$；

（2）用 Antoine 方程计算 $t$ 下 A、B 组分的饱和蒸气压；

（3）用式（3-24）、式（3-25）计算出 $\gamma_A$、$\gamma_B$；

（4）用式（3-19）校验原设温度是否正确，若不能满足误差要求，应重设温度 $t$，重复（2）～（4）的计算。

### 3.3.3 理论塔板数的求取

当塔内物系符合恒摩尔流假定时，精馏塔的理论塔板数可通过逐板计算法、图解法和吉利兰关联图简捷法求取。无论采用何种方式求取，首先应知道体系的平衡关系（平衡数据或关系式），其次确定回流比，然后找出操作线方程。

#### 3.3.3.1 相平衡关系

（1）相对挥发度 当溶液为理想溶液，气相可视作理想气体时，相对挥发度可用下式表示：

$$\alpha = \frac{p_A^*}{p_B^*} \tag{3-26}$$

式中 $p_A^*$——某温度条件下 A 组分的饱和蒸气压；

$p_B^*$——某温度条件下 B 组分的饱和蒸气压。

若溶液为非理想溶液，而气相可看作理想气体时，相对挥发度可用下式表示：

$$\alpha = \frac{\gamma_A p_A^*}{\gamma_B p_B^*} \tag{3-27}$$

式中 $\gamma_A$、$\gamma_B$ 分别为 A、B 组分的活度系数。

当相对挥发度 $\alpha$ 随组成变化不大时，其平均值 $\alpha_m$ 可由下式计算：

$$\alpha_m = \sqrt[3]{\alpha_D \alpha_F \alpha_W} \tag{3-28}$$

式中 $\alpha_D$、$\alpha_F$、$\alpha_W$ 分别为塔顶、加料、塔底组成的相对挥发度。

由此得出气液两相平衡关系式为：

$$y = \frac{\alpha_m x}{1 + (\alpha_m - 1)x} \tag{3-29}$$

（2）$y$-$x$ 图 查取在操作压力下的气相摩尔分数 $y$ 和相对应的液相摩尔分数 $x$，绘制 $y$-$x$ 图。常用的二元体系的相平衡数据见附录 2。

#### 3.3.3.2 回流比的选择与确定

（1）回流比的选择 适宜回流比的选择，应通过经济衡算决定，即操作费用和设备折旧费用之和为最低时的回流比。但作为目前课程设计，要进行经济核算是有一定困难的，为此只要求全面考虑回流比在设计和今后操作中存在的一些影响，然后根据下面两种方法之一选定适宜的回流比：

① 本设计的具体情况，参考生产上较可靠的回流比的经验数据来选定；

② 先求出 $R_{min}$，再按 $R = (1.2 \sim 2)R_{min}$ 确定回流比。

还需指出：设计时当回流比选得偏小，则所需理论塔板数就会较多，在操作时能顺利完成生产任务的分离要求；但设计出的塔板结构对蒸汽及液体负荷的弹性就会相对降低。若选定的回流比较大，则设计出的塔板结构就能承担较高的负荷，但理论塔板数较少，在估计塔板效率时宜偏小值，以达到操作时的分离要求。

（2）最小回流比 $R_{min}$ 的确定 对于理想溶液或在所涉及的浓度范围内相对挥发度可取为常数时，可用式(3-30)～式(3-32) 计算 $R_{min}$。

饱和液体进料（进料热状态参数 $q=1$）时：

$$R_{min} = \frac{1}{\alpha - 1}\left[\frac{x_D}{x_F} - \frac{\alpha(1 - x_D)}{1 - x_F}\right] \tag{3-30}$$

饱和蒸气进料（$q=0$）时：

$$R_{min} = \frac{1}{\alpha - 1}\left(\frac{\alpha x_D}{y_F} - \frac{1 - x_D}{1 - y_F}\right) - 1 \tag{3-31}$$

式中　$x_D$、$x_F$——分别为塔顶产品和原料中易挥发组分的摩尔分数；

　　　　$y_F$——饱和蒸汽进料时的易挥发组分的摩尔分数。

$\alpha$ 为塔顶、塔釜两处相对挥发度 $\alpha_D$ 与 $\alpha_W$ 的几何平均值，可用下式计算：

$$\alpha = \sqrt{\alpha_D \alpha_W}$$

气液混合进料（$0 < q < 1$）时：

$$R_{min} = q(R_{min})_{q=1} + (1 - q)(R_{min})_{q=0} \tag{3-32}$$

式中 $(R_{min})_{q=1}$ 与 $(R_{min})_{q=0}$ 分别表示 $q=1$ 与 $q=0$ 时的 $R_{min}$ 值。

对于平衡曲线形状不正常的情况，只能用作图法求解 $R_{min}$。

### 3.3.3.3　理论塔板的确定

（1）逐板计算法　通常逐板计算从塔顶开始，若塔顶采用全凝器，则第一板上升的蒸气组成应等于塔顶产品组成，即 $y_1 = x_D$。自第一板开始交替使用操作线方程和平衡线方程逐板进行严格计算，直到满足条件即可。该法用于计算相对挥发度较小的体系或分离要求较高的精馏过程是比较准确的。但若用手算则相当烦琐，随着计算机的普及，此法则快速有效。

（2）图解法

① 直角梯级图解法（M.T. 图解法）。将逐板计算过程在 $y$-$x$ 相平衡图上，分别用平衡曲线和操作线代替平衡方程和操作线方程，再于平衡线与操作线之间绘出连续的梯级，以求得理论塔板数。用图解法代替逐板计算法，则大大简化求解理论板的过程，但准确性差些，一般二元精馏中常采用此法。

但应用此法需注意以下几点：

a. 若采用直接蒸汽加热，塔顶采用全凝器，泡点进料时，求解理论板的方法同上，仍然采用相应的平衡关系和操作方程。但图解理论板时应注意塔釜点（$x_W^*$, 0）位于横轴上（直接蒸汽组成 $y_0 = 0$），见图 3-1。

b. 为提高图解理论板方法作图的准确性，应采用适宜的作图比例：对分离要求很高时，在高浓度区域（近平衡线端部）可局部放大作图比例或采用对数坐标，或采用逐板计算法求解。另外，当所需理论板数很多时，因图解法误差大，则宜采用计算法求解。

② 热焓图解法。该法是在"焓-组成"坐标图上进行图解求理论塔板数。

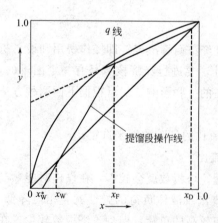

图 3-1　直接蒸汽与间接蒸汽
加热时的提馏段操作线

该法的优点在于不受恒摩尔流假定的限制，所求出的理论板数可以精确一些。但因使用不够简便，且塔板效率难以准确计算，应用此法求塔板数的精确性是无实际效果的，故目前该法的应用不普遍。

（3）简捷法　简捷法是先求出 $R_{min}$ 和全回流时所需的 $N_{T,min}$，并选定合适的回流比 $R$，然后在吉利兰图找出理论塔板数。该法虽准确度稍差，但因其简便，特别适用于初步设计计算。

### 3.3.4　实际塔板数的确定

求出理论塔板数后，要先决定塔板总效率才可求出实际塔板数。

#### 3.3.4.1　塔板总效率的估计

塔板总效率为在指定分离要求与回流比下所需理论板的层数 $N_T$ 与实际塔板的层数 $N_p$ 的比值，即：

$$E_T = \frac{N_T}{N_p} \times 100\% \tag{3-33}$$

影响塔板效率的因素很多，概括起来包括物系的性质、塔板的结构及操作条件三个方面，因此，目前尚无精确的计算方法。通常采用下面的几种方法之一来确定。

（1）可参考工厂同类型塔板、物系性质相同（或相近）的塔效率的经验数据；或在生产现场对塔进行实际查定，得出可靠的塔板效率数据。

（2）采用"奥康奈尔的精馏塔效率关联图"（参见图 3-2）来估算全塔效率。

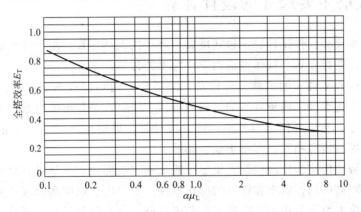

图 3-2　精馏塔全塔效率关联图

图 3-2 中曲线可以近似表示为：

$$E_T = 0.49(\alpha\mu_L)^{-0.245} \tag{3-34}$$

式中　$E_T$——全塔总效率；

　　　$\alpha$——塔顶、塔底平均温度下的相对挥发度；

　　　$\mu_L$——液体平均黏度，mPa·s。

其中，温度以塔顶、塔底的平均温度计算；组成以进料组成计算。其值可从手册查得。

必须注意此关联曲线的适用范围：

① $\alpha\mu_L = 0.1 \sim 7.5$；

② 液体在板上的流程长度<1.0m，若超过 1.0m 时，实际上可达到的全塔效率 $E_T$

的值大于由图 3-2 得出的值；

③ 此关联曲线是对泡罩塔和筛板塔的几十个工业塔进行实验而得的结果，对浮阀塔可参照使用。

#### 3.3.4.2 实际塔板数及实际加料板位置

（1）实际塔板数的确定 对常规塔，设塔釜为一块理论板，则：

$$N_{\mathrm{p}} = \frac{N_{\mathrm{T}} - 1}{E_{\mathrm{T}}} \tag{3-35}$$

式中 $N_{\mathrm{p}}$——塔内实际板数；

$\quad\quad N_{\mathrm{T}}$——计算（或图解）所得理论板数；

$\quad\quad E_{\mathrm{T}}$——全塔总效率。

（2）实际加料板位置的确定

$$N_m = \frac{N_{\mathrm{T},n}}{E_{\mathrm{T}}} + 1 \tag{3-36}$$

式中 $N_m$——实际加料板位置；

$\quad\quad N_{\mathrm{T},n}$——精馏段理论板数。

由于在计算中引用了诸多简化假设，$N_m$ 与实际情况有一定偏差。因此，在设计中可在 $N_m$ 的上下各设一个加料口，待开车调试时再确定最佳实际加料位置。

## 3.4 板式塔主要尺寸的设计计算

板式塔主要尺寸的设计计算，包括塔高、塔径的设计计算，板上液流形式的选择、溢流装置的设计，塔板布置、气体通道的设计等工艺计算。

板式塔为逐级接触式的气液传质设备，沿塔高方向每层板的组成、温度、压力都不同。设计时，先选取某一塔板（例如进料或塔顶、塔底）条件下的参数作为设计依据，以此确定塔的尺寸，然后再作适当调整；或分段计算，以适应两段的气液相体积流量的变化，但应尽量保持塔径相同，以便于加工制造。

所设计的板式塔应为气液接触提供尽可能大的接触面积，应尽可能地减小雾沫夹带和气泡夹带，有较高的塔板效率和较大的操作弹性。但是由于塔中两相流动情况和传质过程的复杂性，许多参数和塔板尺寸需根据经验来选取，而参数与尺寸之间又彼此互相影响和制约，因此设计过程中不可避免要进行试差，计算结果也需要工程标准化。基于以上原因，在设计过程中，需要不断地调整、修正和核算，直到设计出满意的板式塔。

### 3.4.1 塔的有效高度和板间距的初选

#### 3.4.1.1 塔的有效高度

板式塔的有效高度是指安装部分的高度，可按下式计算：

$$Z = \left(\frac{N_{\mathrm{T}}}{E_{\mathrm{T}}} - 1\right) H_{\mathrm{T}} \tag{3-37}$$

式中 $Z$——塔的有效高度，m；

$\quad\quad E_{\mathrm{T}}$——全塔总效率；

$\quad\quad N_{\mathrm{T}}$——塔内所需的理论板层数；

$H_T$——塔板间距，m。

#### 3.4.1.2 板间距的初选

板间距 $H_T$ 的选定很重要。选取时应考虑塔高、塔径、物系性质、分离效率、操作弹性及塔的安装检修等因素。

对完成一定生产任务，若采用较大的板间距，能允许较高的空塔气速，对塔板效率、操作弹性及安装检修有利；但当板间距增大时，会增加塔身总高度，金属消耗量，塔基、支座等的负荷，从而导致全塔造价增加。反之，采用较小的板间距，虽然可降低塔高，但因其只能允许较小的空塔气速，因此塔径就要增大，且容易产生液泛现象，降低板效率。所以在选取板间距时，要根据各种不同情况予以考虑。如对易发泡的物系，板间距应取大一些，以保证塔的分离效果。板间距与塔径之间的关系应根据实际情况并结合经济权衡，反复调整以做出最佳选择。设计时通常根据塔径的大小，由表 3-1 列出的塔板间距的经验数值选取。

表 3-1 塔板间距与塔径的关系

| 塔径 $D$/m | 0.3～0.5 | 0.5～0.8 | 0.8～1.6 | 1.6～2.4 | 2.4～4.0 |
|---|---|---|---|---|---|
| 板间距 $H_T$/mm | 200～300 | 250～350 | 300～450 | 350～600 | 400～600 |

化工生产中常用板间距有：300，350，400，450，500，600，700，800（mm）。在决定板间距时还应考虑安装、检修的需要。例如在塔体人孔处，应留有足够的工作空间，其值不应小于 600mm。

### 3.4.2 塔径

塔的横截面应满足气液接触部分的面积、溢流部分的面积和塔板支承、固定等结构处理所需面积的要求。在塔板设计中起主导作用，往往是气液接触部分的面积，应保证有适宜的气体速度。

计算塔径有两种方法：一种是根据适宜的空塔气速求出塔截面积，然后再求塔径的办法；另一种计算方法是先确定适宜的孔流气速，算出一个孔（阀孔或筛孔）允许通过的气量，确定出每块塔板所需孔数，再根据孔的排列和塔板各区域的相互比例，最后算出塔的塔径。

#### 3.4.2.1 初步计算塔径

板式塔的塔径依据流量公式计算，即：

$$D = \sqrt{\frac{4q_{V,V}}{\pi u}}$$

(3-38)

式中 $D$——塔径，m；

$q_{V,V}$——塔内气体流量，$m^3/s$；

$u$——空塔气速，m/s。

由式(3-38)可知，计算塔径的关键是计算空塔气速 $u$。设计中，空塔气速 $u$ 的计算方法是，先求得最大空塔气速 $u_{max}$，然后根据设计经验，乘一定的安全系数，即：

$$u = (0.6 \sim 0.8)u_{max}$$

最大空塔气速 $u_{max}$ 可根据悬浮液滴沉降原理导出，其结果为：

$$u_{max} = C \sqrt{\frac{\rho_L - \rho_V}{\rho_V}} \tag{3-39}$$

式中　$u_{max}$——最大空塔气速，m/s；

　　　$\rho_L$、$\rho_V$——分别为液相和气相的密度，kg/m³；

　　　$C$——气体负荷系数，m/s，对于浮阀塔和泡罩塔可用图 3-3 确定。

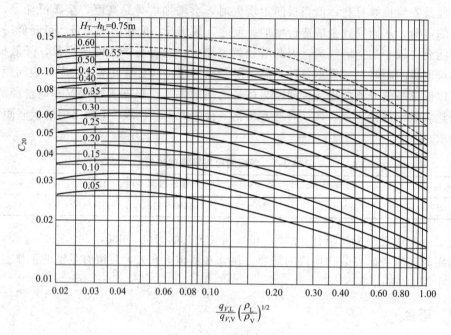

图 3-3　史密斯关联图

$H_T$—塔板间距，m；$h_L$—板上液层高度，m；$q_{V,V}$、$q_{V,L}$—分别为塔内气、液两相体积流量，m³/s；

$\rho_L$、$\rho_V$—液相及气相的密度，kg/m³

图 3-3 中的横坐标 $\dfrac{q_{V,L}}{q_{V,V}} \left(\dfrac{\rho_L}{\rho_V}\right)^{1/2}$ 是无量纲的比值，称为液气动能参数。它反映液气两相的流量与密度的影响，而 $H_T - h_L$ 反映液滴沉降空间高度对负荷参数的影响。

板上的清液层高 $h_L$ 应由设计者首先选定。对常压塔一般在 50～100mm 之间（通常取 50～80mm），对于减压塔应取低些，可降低至 25～30mm。

图 3-3 是按液体表面张力 $\sigma = 0.02$N/m 的物系绘制的，若所处理物系的液体表面张力为 $\sigma$(N/m) 时，则其气体负荷系数 $C$ 可用式(3-40)求得。

$$C = C_{20} \left(\frac{\sigma}{0.02}\right)^{0.2} \tag{3-40}$$

由于精馏段、提馏段的气液流量不同，故两段中的气体速度和塔径也可能不同。在初算塔径中，精馏段的塔径可按塔顶第一块板上物料的有关物理参数计算，提馏段的塔径可按釜中物料的有关物理参数计算。也可分别按精馏段、提馏段的平均物理参数计算。

#### 3.4.2.2　塔径的圆整

将求得的空塔气速 $u$ 代入式(3-38)算出塔径后，还需根据浮阀塔直径系列标准值予以圆整。塔径在 1m 以下者，标准化先按 100mm 增值变化；塔径在 1m 以上者，按200mm 增值变化，即 1000mm、1200mm、1400mm、1600mm…

### 3.4.3 溢流装置的设计

#### 3.4.3.1 液流型式的选择

溢流装置的设计应考虑液体流过塔板的流动类型。由于液体在板上流动情况对气液接触的影响很大，根据不同的情况，通常采用如下几种液流型式。

(1) 单流型 是最简单也是最常用的一种液流型式，如图 3-4(a)～(c) 所示。此种液流方式液体流径较长，塔板效率较高，塔板结构简单，加工方便；但若塔径及液流量过大，液面落差过大，容易造成气液分布不均匀而影响塔板效率。该流型广泛应用于直径 2.2m 以下的塔中。

(2) 双流型 当塔径较大或液相负荷较大时，采用双流型可以减小液面落差，但塔板结构复杂，且降液管占塔板面积较多。一般用于直径 2m 以上的塔。如图 3-4(e) 所示。

(3) 折流型（U 形） U 形流的液体流径最长，板面利用率也最高，但液面落差大，仅用于小塔及液体流量小的情况。如图 3-4(d) 所示。

(4) 阶梯流型 阶梯流型是使同一塔面，具有不同的高度，其间加设溢流堰，缩短液相流程长度，以降低液面梯度。但这种塔板结构最复杂，只适用于塔径很大，液流量很大的场合。如图 3-4(f) 所示。

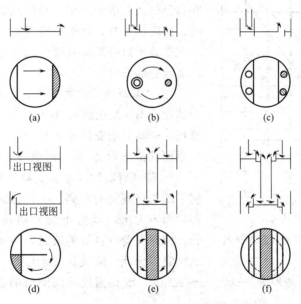

图 3-4 塔板液流型式

在初选塔板流型时，可根据液相负荷范围，参考表 3-2 预选塔板流动型式。

表 3-2 液相负荷与板上液流型式的关系

| 塔径 $D$/mm | 液体流量 $q_{V,V}$/(m³/h) | | | |
|---|---|---|---|---|
| | U 形流型 | 单流型 | 双流型 | 阶梯流型 |
| 600 | 5 以下 | 5～25 | | |
| 900 | 7 以下 | 7～50 | | |
| 1000 | 7 以下 | 45 以下 | | |

续表

| 塔径 $D$/mm | 液体流量 $q_{V,V}$/(m³/h) | | | |
| --- | --- | --- | --- | --- |
| | U形流型 | 单流型 | 双流型 | 阶梯流型 |
| 1200 | 9以下 | 9～70 | | |
| 1400 | 9以下 | 70以下 | | |
| 1500 | 10以下 | 11～80 | | |
| 2000 | 11以下 | 11～110 | 110～160 | |
| 2400 | 11以下 | 11～110 | 110～180 | |
| 3000 | 11以下 | 110以下 | 110～200 | 200～300 |

### 3.4.3.2 溢流装置

板式塔的溢流装置包括降液管、溢流堰和受液盘等部件。

(1) 降液管 降液管有圆形和弓形两类。通常情况下，圆形降液管的流通截面小，没有足够的空间分离液体中的气泡，气相夹带较严重，从而降低塔板效率。因其塔板面积的利用率较低，一般只用于小直径塔中。对于直径较大的塔均推荐采用弓形降液管。弓形降液管有两种形式：一种是将弓形降液管固定在塔板上，适用于小塔板且需要有尽量大的降液管的情况；另一种是堰与壁之间的全部区域均作为降液空间，宜在直径较大的塔中采用。其特点是塔板面积利用率较高，但塔径小时，制作焊接不便。

工业中以弓形降液管应用为主，故此处只讨论弓形降液管的设计。

① 弓形降液管的宽度 $W_d$ 及截面积 $A_f$。弓形降液管的宽度 $W_d$ 及截面积 $A_f$ 可按图 3-5 求得。对于双流型板，中间降液管的宽度 $W_d$ 一般的取 200～300mm，尽量使其截面积 $A_f$ 等于两侧降液管面积之和。

② 降液管底隙高度 $h_0$。降液管底隙高度是指降液管下端与塔板间的距离。应保证液体流经此处时的局部阻力不太大，以防止沉淀物在此堆积而堵塞降液管；同时又要有良好的液封，防止气体通过降液管造成短路。为此，降液管底缘与下一塔板的间隙 $h_0$ 应比

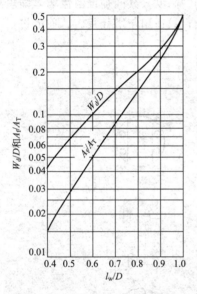

图 3-5 弓形降液管的宽度与面积

外堰高度 $h_w$ 低，一般取 $h_w - h_0 = 6～12$mm，液相通过此间隙时的流速应小于 0.4m/s；此外 $h_0$ 一般也不宜小于 20～25mm。

液体在降液管中的停留时间 $\theta$ 一般不应小于 3～5s，以保证溢流液体中的泡沫有足够的时间在降液管中得到分离。但是对于高压下操作的塔及易起泡的物系，停留时间应更长些。在求得降液管截面积之后，应按下式验算降液管内液体的停留时间，即：

$$\theta = \frac{3600 A_f H_T}{q_{V,L}} \tag{3-41}$$

式中 $A_f$——降液管截面积，m²；

$H_T$——板间距，m；

$q_{V,L}$——塔内液体流量，m³/h。

（2）溢流堰（又称外堰或出口堰）　溢流堰的作用是维持塔板上有一定高度的液层，并使液流在板上能均匀流动。除了个别情况（如很小的塔）外，在降液管前，均应设置弓形堰。

① 堰长 $l_w$。弓形降液管的弦长称为堰长。通常根据液体负荷及溢流形式而定。

单溢流 $\qquad\qquad\qquad\qquad l_w = (0.6 \sim 0.8)D$

双流型 $\qquad\qquad\qquad\qquad l_w = (0.5 \sim 0.7)D$

也可以根据溢流强度设计堰长。溢流强度即通过单位堰长的液体流量。对于筛板塔及浮阀塔，液流强度一般不大于 $100 \sim 130 \text{m}^3/(\text{h} \cdot \text{m})$ 的堰长。

② 堰高 $h_w$。降液管端面高出塔板面的距离，称为堰高。板上清液层高度 $h_L$ 即为堰高 $h_w$ 与堰上液层高度 $h_{0w}$ 之和。故：

$$h_L = h_w + h_{0w} \tag{3-42}$$

堰上液层高度太小，会造成液体在堰上分布不均，影响传质效果，设计时应使堰上液层高度 $h_{0w}$ 大于 6mm，若小于此值须选用齿形堰。但其亦不宜太大，否则会增加塔板压降及雾沫夹带量。在设计时，$h_{0w}$ 不超过 $60 \sim 70$mm。

对于平直堰，堰上液层高度 $h_{0w}$ 可用弗兰西斯公式计算，即：

$$h_{0w} = 2.84 \times 10^{-3} E \left( \frac{q_{V,L}}{l_w} \right)^{2/3} \tag{3-43}$$

式中 $\quad q_{V,L}$ ——塔内液体流量，$\text{m}^3/\text{h}$；

$\qquad E$ ——液流收缩系数，由图查取。

根据设计经验，取 $E = 1$ 时所引起的误差能满足工程设计要求。当 $E = 1$ 时，由式 (3-43) 可以看出 $h_{0w}$ 仅与 $q_{V,L}$ 及 $l_w$ 有关。

对于常压塔板上的清液层高 $h_L$ 一般在 $0.05 \sim 0.1$m 之间选取，因此，在求出 $h_{0w}$ 后，即可按下式确定 $h_w$：

$$0.05 - h_{0w} \leqslant h_w \leqslant 0.1 - h_{0w} \tag{3-44}$$

对真空度较高的操作，或对要求压降很小的情况，也可将 $h_L$ 降低至 0.025m 以下，此时堰高可低至 $0.006 \sim 0.015$m。另外当液量很大（即 $h_{0w}$ 很大）时，甚至可以不设堰板，只要 $h_{0w}$ 大到足够维持所需液层高度并起液封作用就行。堰板的上缘各点的水平偏差一般不宜超过 0.003m。

（3）受液盘及进口堰

① 受液盘。受液盘有凹型和平型两种型式。不同型式的受液盘对液相抽出、降液管的液封与液体流入塔板的均匀性是有影响的。

凹型受液盘通常用于直径大于 800mm 的大塔，这是因为这种受液盘的优点是：a. 便于液体的侧线抽出；b. 在液流量较低时仍可形成良好的液封；c. 对改变液体流向具有缓冲作用。凹型受液盘的深度一般在 0.050m 以上，但不能超过板间距的 1/3。

对于易聚合的液体或含固体悬浮物的液体，为了避免形成死角，以采用平型受液盘为宜。若采用平型受液盘，一般需在塔板上设置进口堰，以保证降液管的液封，并使液体在板上分布均匀，减少进口处液体水平冲出而影响塔板入口处的操作。

② 进口堰。若设进口堰时，其高度 $h_w'$ 可按下述原则考虑。a. 当溢流堰高 $h_w$ 大于降液管底与塔板的间距 $h_0$ 时，$h_w'$ 可取为 $6 \sim 8$mm（点焊一段直径为 $\phi$6mm 或 $\phi$8mm 的圆钢在适当位置上即成）；必要时可取 $h_w'$ 与 $h_w$ 相等。b. 当 $h_w < h_0$ 时，应取 $h_w' > h_0$ 以保证液封作用。

另外，为了保证液体由降液管流出时不致受到很大的阻力，进口堰与降液管间的水平距离 $h_1$ 应不小于 $h_0$，以保证液流畅通。

### 3.4.4 塔板布置

塔板是气液两相传质的场所。塔板上通常划分区域为：①有效传质区；②溢流区；③安定区；④边缘区。

#### 3.4.4.1 有效传质区

有效传质区也称为鼓泡区。筛孔、浮阀设置在该区域内。

气、液两相在该区接触传质，如图 3-6 中虚线以内的区域。其中，对于单溢流塔板，有效传质面积 $A_a$ 可通过下式计算，即：

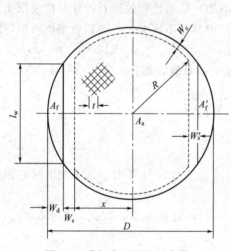

$$A_a = 2\left[ x\sqrt{R^2 - x^2} + \frac{\pi}{180°}R^2\sin^{-1}\left(\frac{x}{R}\right) \right]$$

$$(3-45)$$

式中，$A_a$ 为有效传质面积，$m^2$；$R = D/2 - W_c$，m；$x = D/2 - (W_d + W_s)$，m；$\sin^{-1}(x/R)$ 为以角度表示的反正弦函数。

对分块式塔板，由于各板的连接固定要占少部分面积，实际传质区的面积稍小。

#### 3.4.4.2 溢流区

包括降液管面积 $A_f$ 和受液盘面积 $A_f'$。对于垂直降液管 $A_f = A_f'$。

#### 3.4.4.3 安定区

开孔区与溢流区之间的不开孔区域为安定区，可分为入口安定区和出口安定区。其中，

图 3-6 塔板布置及主要参数

在液体入塔板处，有一宽度为 $W_s$ 的狭长带不开孔区域称为入口安定区。其作用是为防止气体进入降液管或因降液管流出的液流的冲击而漏液。而在靠近溢流堰处的一狭长不开孔区域，是为了保证液体在进入降液管前，有一定时间脱除其中所含气体，其宽度为 $W_s'$，该区称为出口安定区。入口安定区的宽度可按下述范围选取，即：

塔径小于 1.5m 的塔　　　$W_s = 60 \sim 75mm$
塔径大于 1.5m 的塔　　　$W_s = 80 \sim 110mm$

出口安定区的宽度 $W_s'$ 可取为 $50 \sim 100mm$。但对于直径小于 1m 的塔，因塔板面积小，$W_s$ 可适当减小。

#### 3.4.4.4 边缘区

在塔壁边缘留出宽度为 $W_c$ 的区域，以固定塔板。一般取 $W_c = 50 \sim 70mm$。为防止液体经无效区流过而产生"短路"现象，可在塔板上沿塔壁设置挡板。

### 3.4.5 浮阀塔的设计计算

#### 3.4.5.1 主要结构参数

（1）浮阀型式　浮阀的型式很多，目前应用最广的是 F1 型（相当于国外的 V-1 型）。

这种型式的浮阀，结构简单、制造方便、性能好、省材料，国内确定为部颁标准，见图 3-7。

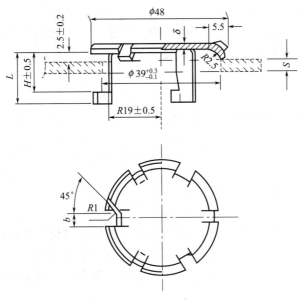

图 3-7　F1 型浮阀

F1 型浮阀分轻阀（代号为 Q）和重阀（代号为 Z）两种，轻阀采用厚 1.5mm 的薄钢板冲压制成，重约 25g；重阀采用厚度为 2mm 的钢板冲压而成，重约 33g。阀的质量直接影响塔内气体的压降，轻阀阻力较小，但稳定性较差，一般用于减压塔；重阀由于稳定性好，最为常用。两种型式的浮阀孔的直径 $d_0$ 均为 39mm。浮阀的最小开度为 2.5mm，最大开度为 8.5mm。

（2）浮阀的排列　阀孔的排列应使绝大部分液体内部有气泡通过，一般按正三角形排列，又分顺排和叉排两种，如图 3-8 所示。阀孔中心距有 75mm、100mm、125mm 等几种。一般认为叉排气液接触较好，故对整块式塔板多采用正三角形叉排。对于大塔，当塔板采用分块式结构时，不便按正三角形，可按等腰三角形叉排，此时把同一横排的阀孔中心距定为 75mm，相邻两排间的距离 $t'$ 可取为 65mm、80mm、100mm 等几种尺寸。

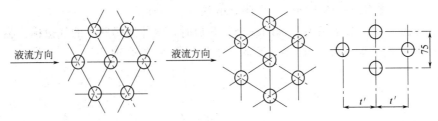

图 3-8　阀孔的排列

（3）阀孔气速及阀孔数　浮阀塔的操作性能以板上所有浮阀处于刚刚全开时最好，此时塔板压降及板上液体的泄漏都较小，而操作弹性较大。浮阀的开度与气体通过阀孔的速度和密度有关，通常以动能因数来表示。动能因数的定义式为：

$$F_0 = u_0 \sqrt{\rho_V} \tag{3-46}$$

式中　$F_0$——气体通过阀孔时的动能因数；

　　　$u_0$——气体通过阀孔的速度，m/s；

　　　$\rho_V$——气体密度，kg/m³。

对工业生产中的浮阀塔，当板上所有阀刚刚全开时，$F_0$ 的值常在 9～12 间。设计时，可在该范围之内选取合适的 $F_0$ 值，然后通过下式计算阀孔气速：

$$u_0 = \frac{F_0}{\sqrt{\rho_V}} \tag{3-47}$$

一旦确定，每层塔板上的阀孔数 $N$ 即可确定：

$$N = \frac{q_{V,v}}{\frac{\pi}{4} d_0^2 u_0} \tag{3-48}$$

式中　$q_{V,v}$——气体的流率，m³/s；

　　　$d_0$——阀孔直径，$d_0 = 39\text{mm}$。

求得阀孔数后，由选定的孔间距，在坐标纸上作图，确切排出在有效传质区内可以布置的阀孔总数。若此数与计算值相近，则按实际排孔数重算阀孔气速及动能因数，若 $F_0$ 仍在 9～12 范围，即可认为作图得出的阀孔数能满足要求，否则应调整孔距、阀孔数，重新作图，反复计算。

阀孔数确定后，应核算塔板的开孔率，对常压塔或减压塔开孔率一般在 10%～14% 之间。对加压塔常小于 10%。

### 3.4.5.2　塔板流体力学校核

为检验初估塔径及各项工艺尺寸是否合理，是否能保证塔的正常操作，应进行流体力学验算。若不合理，应调整塔的参数，使之合理。

（1）塔板压降 $\Delta p_p$（$h_p$）　气体通过塔板的压降应包括：通过阀孔的压降，又称干板压降 $h_c$；通过板上液层的压降 $h_1$；克服板上液体表面张力压降 $h_\sigma$。即

$$h_p = h_c + h_1 + h_\sigma \tag{3-49}$$

式中　$h_p$——气体通过每层塔板的压降，m 液柱；

　　　$h_c$——气体通过阀孔的压降，m 液柱；

　　　$h_1$——气体通过板上液层高度的压降，m 液柱；

　　　$h_\sigma$——气体克服液体表面张力压降，m 液柱。

① 干板阻力 $h_c$。板上所有浮阀刚好全部开启时，气体通过阀孔的气速称为临界孔速，以 $u_{0c}$ 表示。实验结果表明，对 F1 型重阀，由下式求 $h_c$ 较合理：

阀全开前（$u_0 \leqslant u_{0c}$）　　　$h_c = 19.9 \dfrac{u_0^{0.175}}{\rho_L}$ $\tag{3-50}$

阀全开后（$u_0 \geqslant u_{0c}$）　　　$h_c = 5.34 \dfrac{u_0^2}{2g} \times \dfrac{\rho_V}{\rho_L}$ $\tag{3-51}$

式中　$u_0$——阀孔实际气速，m/s；

　　　$\rho_V$——气体密度，kg/m³；

　　　$\rho_L$——液体密度，kg/m³。

计算 $h_c$ 时，先将上两式联立，解出临界孔速 $u_{0c}$，得：

$$u_{0c} = \left(\frac{73.1}{\rho_V}\right)^{1/1.825} \tag{3-52}$$

按式(3-47)计算实际阀孔气速 $u_0$。若 $u_0 > u_{0c}$，则 $h_c$ 按式(3-51)计算；若 $u_0 < u_{0c}$，则 $h_c$ 按式(3-50)计算。

② 板上充气液层阻力 $h_1$。气体通过板上液层阻力由下式计算：

$$h_1 = \varepsilon_0 h_L = \varepsilon_0 (h_w + h_{0w}) \tag{3-53}$$

式中 $h_L$——塔板上清液层高度，m；

$\varepsilon_0$——充气系数。

充气系数反映板上液层的充气程度，通常可取为 $0.5 \sim 0.6$，当液相为水溶液时，$\varepsilon_0 = 0.5$；为油时，$\varepsilon_0 = 0.20 \sim 0.35$；为碳氢化合物时，$\varepsilon_0 = 0.4 \sim 0.5$。充气系数 $\varepsilon_0$ 可由图 3-9 查取。图 3-9 中的横坐标 $F_0$ 为气相动能因数，其定义式为：

$$F_0 = u_0 \sqrt{\rho_V} \tag{3-54}$$

式中 $\rho_V$——气体密度，$kg/m^3$；

$u_0$——按有效流通截面计算的气速，m/s。

对单流型塔板

$$u_0 = \frac{q_{V,V}}{A_T - A_f} \tag{3-55}$$

式中，$A_T$、$A_f$ 分别为塔横截面积和降液管面积，$m^2$。

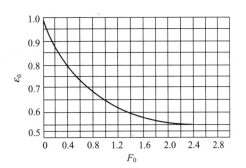

图 3-9 充气系数 $\varepsilon_0$

③ 克服表面张力所造成的阻力 $h_\sigma$。气体克服板上液体表面张力阻力可由下式计算：

$$h_\sigma = \frac{2\sigma}{g\rho_L h} \tag{3-56}$$

式中 $\sigma$——液体表面张力，N/m；

$h$——浮阀的开度，m。

浮阀塔的 $h_\sigma$ 值通常很小，常可忽略不计。

一般浮阀塔的压降比筛板塔大。对常压塔和加压塔，每层浮阀塔板压降为 $265 \sim 530Pa$，减压塔约为 $200Pa$。

(2) 液沫夹带量 液沫夹带是指板上液体被上升气体带入上一层塔板的现象。液沫夹带量指气体通过塔板液层时所夹带的液滴的量，以 kg 液/kg 汽表示。$e_V$ 过大，表示液相返混严重，降低塔板效率，严重时发生液沫夹带液泛。因此，设计时应加以控制，一般，控制 $e_V < 0.1$kg 液/kg 汽。

影响液沫夹带的因素很多，主要是空塔气速和塔板间距。对浮阀塔，通常是用空塔气速与发生液泛时的空塔气速之比作为液沫夹带量大小的指标，该值称泛点百分率，或泛点率，以 $F_1$ 表示，$F_1$ 为：

$$F_1 = u/u_F \tag{3-57}$$

式中 $u$——操作时空塔气速，m/s；

$u_F$——发生液泛时空塔气速，m/s。

根据经验，若泛点率控制在下列范围内，可保证 $e_V < 0.1$kg 液/kg 汽。

大塔　　　　　　　　　　$F_1 < 80\%$

直径<0.9m塔　　　　　$F_1 < 70\%$

减压塔　　　　　　　　$F_1 < 75\%$

泛点率可按下式计算：

$$F_1 = \frac{q_{V,V}\sqrt{\dfrac{\rho_V}{\rho_L - \rho_V}} + 1.36 q_{V,L} Z_L}{K C_F A_b} \times 100\% \tag{3-58}$$

或

$$F_1 = \frac{q_{V,V}\sqrt{\dfrac{\rho_V}{\rho_L - \rho_V}}}{0.78 K C_F A_T} \times 100\% \tag{3-59}$$

式中　　$q_{V,L}$、$q_{V,V}$——塔内液、气相流率，$m^3/s$；

　　　　$\rho_L$、$\rho_V$——液体和气体密度，$kg/m^3$；

　　　　$A_b$——板上液流面积，$m^2$，对单溢流 $A_b = A_T - 2A_f$，其中 $A_T$ 为塔截面积，$A_f$ 为降液管截面积；

　　　　$Z_L$——板上液体流径长度，对单溢流，$Z_L = D - 2W_d$，其中 $D$ 为塔径，$W_d$ 为弓形降液管宽度；

　　　　$C_F$——泛点负荷系数，可由图 3-10 查取；

　　　　$K$——物性系数，由表 3-3 查取。

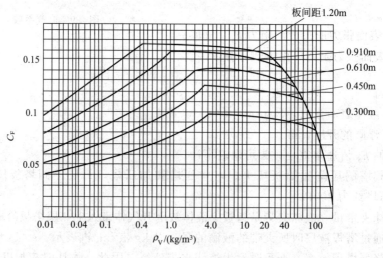

图 3-10　泛点负荷图

**表 3-3　物系系数 $K$**

| 系　　统 | $K$ | 系　　统 | $K$ |
|---|---|---|---|
| 无泡沫正常系统 | 1.0 | 多泡系统 | 0.73 |
| 氟化物 | 0.90 | 严重起泡 | 0.60 |
| 中等发泡 | 0.85 | 形成稳定泡沫 | 0.30 |

（3）漏液校核　当上升气速减小到气体通过阀孔的动能不足以阻止板上液体经阀孔流下时，便出现泄漏现象，正常操作时，塔的泄漏量应不大于液体流量的10%，经验证明，

当阀孔的动能因数 $F_0$ 达 5~6 时，泄漏量接近 10%，故取 $F_0$=5~6 作为控制泄漏量的操作下限，此时阀孔气速以 $u_{0c}$ 表示，称为漏液点气速。实际阀孔气速 $u_0$ 与漏液点气速 $u_{0c}$ 之比，称稳定性系数 $K_s$，一般应使：

$$K_s = \frac{u_0}{u_{0c}} > 1.5 \sim 2 \tag{3-60}$$

（4）溢流液泛　因降液管通过能力的限制而引起的液泛称为溢流液泛。降液管内液层高度用来克服相邻两层塔板间的压降、板上清液层阻力和液体流过降液管的阻力，因此可用下式计算降液管内清液层高度：

$$H_d = h_p + h_L + h_d + \Delta \tag{3-61}$$

式中　$H_d$——降液管内清液层高度，m 液柱；

　　　　$h_p$——通过塔板压降，m 液柱；

　　　　$h_L$——板上清液层高度，m 液柱；

　　　　$\Delta$——塔板液面落差，很小，常可忽略；

　　　　$h_d$——液体通过降液管压降，m 液柱。

若塔板不设进口堰时，$h_d$ 可按下式计算：

$$h_d = 0.153 \left(\frac{q_{V,L}}{l_w h_0}\right)^2 = 0.153(u_0')^2 \tag{3-62}$$

若塔板设置进口堰时，$h_d$ 可按下式计算：

$$h_d = 0.2 \left(\frac{q_{V,L}}{l_w h_0}\right)^2 = 0.2(u_0')^2 \tag{3-63}$$

式中　$q_{V,L}$——流体流率，m³/s；

　　　　$l_w$——堰长，m；

　　　　$h_0$——降液管底隙高度，m；

　　　　$u_0'$——液体通过降液管底隙的流速，m/s。

为了防止降液管发生溢流液泛，对降液管内清液层高度提出了限制：

$$H_d \leqslant \phi(H_T + h_w) \tag{3-64}$$

式中，$\phi$ 为考虑降液管内充气及操作安全的校正系数。对于一般的物系，取 $\phi$=0.5；对易发泡物系，取 $\phi$=0.3~0.4；对不发泡物系，取 $\phi$=0.6~0.7。

（5）液体在降液管中停留时间　为使溢流液中所夹带的气体有足够的时间解脱出来，不致发生过量的气泡夹带，对液体在降液管中的停留时间按式（3-41）计算，并要求停留时间 $\theta$ 一般不应小于 5s。

### 3.4.5.3　塔板负荷性能图

前面对塔的各部分尺寸进行了设计计算，又对各项进行了流体力学校核（包括对工艺尺寸必要调整），可以认为所设计的塔板能在任务规定的气、液负荷下正常操作。此时，还应进一步揭示塔板的操作性能，求出保持塔正常操作所允许的气、液负荷波动。这就是负荷性能图（图 3-11）。图的横坐标为液相负荷 $q_{V,L}$，纵坐标为气相负荷 $q_{V,V}$。图中包括以下曲线。

（1）漏液线　漏液线又称气相负荷下限线，取阀孔气相动能因数 $F_0$=5~6 时，利用式（3-47）求出阀孔气速 $u_0$，再由阀孔总面积 $A_0$，求出气相负荷，$V_s = u_0 A_0$。该线为一水平线，以曲线①表示。

（2）过量液沫夹带线　过量液沫夹带线又称气相上限线，它是气相中所夹带的液沫的允许最高含量时得出的一条曲线。在浮阀塔中，当 $e_V = 0.1kg$ 液/kg 汽时，对应的泛点率为80％。由式(3-58)，设 $F_1 = 80\%$，假设若干个 $q_{V,L}$，求出对应的 $q_{V,V}$，$q_{V,L}$-$q_{V,V}$ 表示过量液沫夹带引起液泛的气、液相负荷的关系曲线。以曲线②表示。

（3）液相负荷下限线　塔板上应有一定的液层高度，以便气、液两相在板上接触传质。取堰上液层高度最低不能小于 6mm，以此来确定液相负荷下限。由式(3-43)，当 $h_{0w} = 6mm$ 时的液相流量即为液相负荷的下限，在负荷性能图上，以曲线③表示。

（4）液相负荷上限线　为了使溢流管中的液体所夹带的气体有充分的时间解脱出来，液体在溢流管中的停留时间不能少于5s，由式(3-41)，令 $\theta = 5s$，求出 $L_s$ 即为液相负荷上限值。以曲线④表示。

（5）溢流液泛线　降液管内的液层高度达到上一层塔板的溢流堰板时将发生溢流液泛。因此对降液管中的液层高度作了限制。

在公式(3-64)中，令 $H_d = \phi(H_T + h_w)$，$H_d$ 可由式(3-61)得出。

将式(3-50)或式(3-51)、式(3-62)或式(3-61)、式(3-42)、式(3-43)代入，可以求出发生溢流液泛时的气、液负荷关系，在负荷性能图上，以曲线⑤表示。即：

$$\phi(H_T + h_w) = h_p + h_L + h_d$$
$$= (h_c + h_1 + h_\sigma) + h_L + h_d = h_c + (\varepsilon_0 + 1)h_L + h_d \tag{3-65}$$

气相负荷上限线，气相负荷下限线，液相负荷上限线，液相负荷下限线及溢流液泛线，构成了塔的操作负荷性能图，如图 3-11 所示。各线所包围的区域为塔的正常操作区，各线以外的区域为塔的非正常操作区。设计点以点 $A$ 表示，$OA$ 表示操作线，操作线与边界线的上下交点，可确定塔操作时两相负荷的上、下交点，可确定塔操作时两相负荷的上、下限。气相负荷（或液相负荷）上、下限值的比，称为塔的操作弹性。塔的操作弹性愈大，表示塔适应气（液）负荷变化的能力愈大。

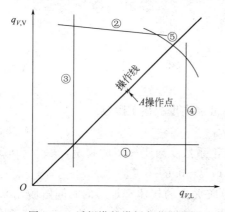

图 3-11　浮阀塔的塔板负荷性能图

### 3.4.6　筛板塔的设计计算

#### 3.4.6.1　塔板的主要结构参数

（1）筛孔直径　筛孔直径 $d_0$ 的选取与塔的操作性能要求、物系性质、塔板厚度等有关。按设计经验，表面张力为正系统的物系，可采用 $d_0$ 为 3～8mm；表面张力为负系统的物系或易堵塞物系，可采用 $d_0$ 为 10～25mm。若孔径太小，一则加工制造困难且易堵；二则干板压降及液沫夹带量大，且当气速较大时，易发生局部喷射现象。近年来，采用大孔径的筛板塔逐渐增多。

（2）筛板厚度　筛板的厚度与孔径有一定关系。对于碳钢和铜合金，板厚 3～4mm，但不应大于孔径；对于不锈钢塔板，板厚 2～2.5mm，且不应大于 0.5～0.7 倍的孔径。

（3）孔中心距 相邻两筛孔中心的距离称为孔中心距，以 $t$ 表示。孔中心距 $t$ 一般为 $(2.5\sim5)d_0$。$t/d_0$ 过小，易使气流互相干扰，过大则鼓泡不均。设计时，尽量取 $t/d_0$ 在 $3\sim4$ 范围内。

（4）筛孔的排列与筛孔数 设计时，孔的排列一般为正三角形，若孔按正三角形排列时，筛孔的数目 $n$ 可按下式计算，即：

$$n=\frac{1.155}{t^2}A_a \tag{3-66}$$

式中，$A_a$ 为有效传质区（鼓泡区）面积，$m^2$。

（5）开孔率 开孔率 $\phi$ 指塔板上开孔面积 $A_0$ 与有效传质区面积 $A_a$ 之比。开孔率大，塔板压降小，液沫夹带量少，但塔板效率较低，操作弹性小，且易漏液。通常开孔率在 $5\%\sim15\%$。若筛孔按正三角形排列时，开孔率可按下式计算：

$$\phi=\frac{A_0}{A_a}=\frac{0.907}{(t/d_0)^2} \tag{3-67}$$

式中 $A_0$——筛板筛孔总面积；

$\phi$——开孔率。

应予指出，按上述方法求出筛孔的直径 $d_0$，筛孔数目 $n$ 后，还需通过流体力学验算，检验是否合理，若不合理需进行调整。

### 3.4.6.2 流体力学验算

塔板流体力学验算的目的是检验以上初步估算的塔径及各项工艺尺寸的计算是否合理，是否能保证塔的正常操作。在以下验算项目中，若有不合理者，应调整塔的参数，使之合理。验算内容包括以下几项：塔板压降、液面落差、液沫夹带、漏液及液泛等。

（1）塔板压降 $\Delta p_p$ 气体通过塔板的阻力对它的操作性影响很大。为减少能耗或满足工艺上的要求，有时对塔板压降提出了限制，特别是减压塔。

$h_p$ 气体通过塔板的压降，可按下式计算：

$$h_p=h_c+h_1+h_\sigma \tag{3-68}$$

式中 $h_p$——气体通过每层塔板的压降，以液柱高度表示，m 液柱；

$h_c$——气体通过筛板的干板压降，m 液柱；

$h_1$——气体通过板上液层的压降，m 液柱；

$h_\sigma$——气体克服液体表面张力的压降，m 液柱。

① 干板阻力 $h_c$。气体通过筛板的干板阻力 $h_c$ 可由以下经验公式估算，即：

$$h_c=0.051\left(\frac{u_0}{C_0}\right)^2\frac{\rho_V}{\rho_L}\left[1-\left(\frac{A_0}{A_a}\right)^2\right] \tag{3-69}$$

式中 $u_0$——筛孔气速，m/s；

$C_0$——流量系数，其值对 $h_1$ 影响较大，可由图 3-12 查取。

通常，筛板的开孔率 $\phi\leqslant15\%$，故上式简化为：

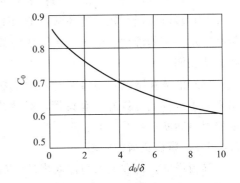

图 3-12 流量系数图

$$h_c = 0.051 \left(\frac{u_0}{C_0}\right)^2 \frac{\rho_V}{\rho_L} \tag{3-70}$$

流量系数的求取方法较多,当 $d_0 < 10\text{mm}$,其值可由图3-12直接查出。当 $d_0 \geqslant 10\text{mm}$ 时,由图3-12查得 $C_0$ 后再乘以1.15的校正系数。

② 液层阻力 $h_l$。气体通过板上液层高度的阻力可由式(3-53)求取,其中 $\varepsilon_0$ 为充气因数。

③ 液体表面张力阻力 $h_\sigma$。气体通过板上液层,为克服液体的表面张力,要消耗部分能量,这部分能量很小,通常可以忽略。也可按下式计算:

$$h_\sigma = \frac{4\sigma_L}{g d_0 \rho_L} \tag{3-71}$$

式中,$\sigma_L$ 为液体表面张力,$\text{N/m}$。

由以上各式分别求出 $h_c$、$h_l$ 及 $h_\sigma$ 后,即可计算出气体通过筛板的压降 $\Delta p_p$,该计算值应低于设计允许值。

(2) 液沫夹带量 $e_V$ 对筛板塔,现推荐 Hunt 的经验式计算液沫夹带量,公式如下:

$$e_V = \frac{5.7 \times 10^{-6}}{\sigma_L} \left(\frac{u_a}{H_T - h_f}\right)^{3.2} \tag{3-72}$$

式中 $H_T$——塔板间距,$\text{m}$;

$h_f$——塔板上鼓泡层高度,若清液层高度为 $h_L$,鼓泡层的相对密度为0.4,则 $h_f = h_L/0.4$。

(3) 漏液点气速 $u_{0,\min}$ 当漏液量等于塔内液流量的10%时的气流速度称为漏液点气速,以 $u_{0,\min}$ 表示。若气速低于此值,严重的漏液将使筛板不能积液,塔的正常操作受到破坏。故漏液点气速是塔的操作气速的下限值。漏液点气速可用下式计算:

$$u_{0,\min} = 4.4 C_0 \sqrt{\frac{(0.0056 + 0.13 h_L - h_\sigma)\rho_L}{\rho_V}} \tag{3-73}$$

若 $h_L < 30\text{mm}$,或筛孔直径 $d_0 < 3\text{mm}$ 时,用下式计算较为适宜:

$$u_{0,\min} = 4.4 C_0 \sqrt{\frac{(0.01 + 0.13 h_L - h_\sigma)\rho_L}{\rho_V}} \tag{3-74}$$

为使塔具有一定的操作弹性,操作条件下气体通过筛孔气速 $u_0$ 与发生漏液时气体通过筛孔的最低气速 $u_{0,\min}$ 之比,即 $u_0/u_{0,\min}$ 称为稳定系数 $K_s$,其适宜范围为1.5~2.0。若稳定系数偏低,可适当减小塔板的开孔率或降低堰高来调整。

(4) 溢流液泛校核 为使液体能由上一层塔板稳定地流入下一层塔板,降液管内必须维持一定高度的液柱,但应低于上块塔板溢流堰顶。其验算方法与浮阀塔的溢流液泛的校核方法相同。

(5) 液体在降液管中停留时间的校核 为使溢流液中所夹带的气体有足够的时间解脱出来,不致发生过量的气泡夹带,对液体在降液管中的停留时间按式(3-41)计算,并要求停留时间 $\theta$ 一般不应小于5s。

### 3.4.6.3 塔板负荷性能图

筛板塔的负荷性能图与浮阀塔的负荷性能图的做法相同,只是其所用公式及要求按照筛板塔的流体力学验算中所述的内容进行。

# 3.5 板式塔的结构

## 3.5.1 塔的总体结构

塔的外壳多用钢板焊接，如外壳采用铸铁铸造，则往往以每层塔板为一节，然后用法兰连接。

板式塔除内部装有塔板、降液管及各种物料的进出口之外，还有很多附属装置，如除沫器、人（手）孔、基座，有时外部还有扶梯或平台。此外，在塔体上有时还焊有保温材料的支承圈。为了检修方便，有时在塔顶装有可转动的吊柱。

图 3-13 为一板式塔的总体结构简图。一般来说，格层塔板的结构是相同的，只有最高一层、最低一层和进料层的结构有所不同。最高一层塔板与塔顶的距离常大于一般塔板间距，以便能良好的除沫。最低一层塔板到塔底的距离较大，以便有较大的塔底空间储液，保证液体能有 $10 \sim 15 \mathrm{min}$ 的停留时间，塔底液体不致流空。塔底大多直接通入塔外部的再沸器的蒸汽，塔底与再沸器之间有管路连接，有时在塔底釜中设置列管或蛇管型换热器，将釜中液体加热汽化。若是直接蒸汽加热，则在釜的下部装一个鼓泡管，直接接入加热蒸汽。另外，进料板的板间距也比一般间距大。

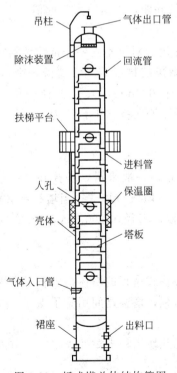

图 3-13 板式塔总体结构简图

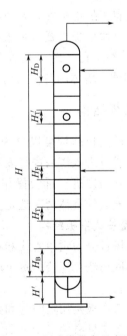

图 3-14 板式塔塔高示意图

## 3.5.2 塔体总高度

板式塔的塔高如图 3-14 所示，塔体总高度（不包括裙座和封头）由下式决定：

$$H = H_D + (N_p - 2 - S)H_T + SH_T' + H_F + H_B \tag{3-75}$$

式中    $H_D$——塔顶空间，m；

         $H_B$——塔底空间，m；

         $H_T$——塔板间距，m；

         $H_T'$——开有人孔的塔板间距，m；

         $H_F$——进料板高度，m；

         $N_p$——实际塔板数；

       $S$——人孔数目（不包括塔顶空间和塔底空间的人孔）。

### 3.5.2.1 塔顶空间 $H_D$

塔顶空间指塔内最上层塔板与塔顶空间的距离。为利于出塔气体夹带的液滴沉降，其高度应大于板间距，通常取 $H_D$ 为 $(1.5\sim2.0)H_T$。若需要安装除沫器时，要根据除沫器的安装要求确定塔顶空间。

### 3.5.2.2 塔底空间 $H_B$

塔底空间指塔内最下层塔板到塔底间距。其值一般视具体情况而定。

（1）当进料有 15min 缓冲时间的容量时，塔底产品的停留时间可取 $3\sim5min$，否则需有 $10\sim15min$ 的储量；对易结焦的物料，停留时间应短些。均以保证塔底料液不致流空，从而确定塔底储液空间。

（2）塔底液面至最下层塔板之间要留有 $1\sim2m$ 的间距，大塔可大于此值。

### 3.5.2.3 人孔数目

人孔数目根据塔板安装方便和物料的清洗程度而定。对于不需要经常清洗的物料，一般每隔 $8\sim10$ 块塔板设置一个人孔；对于易结垢、结焦的物系需经常清洗，则每隔 $3\sim4$ 块塔板开一个人孔。设人孔处的板间距等于或大于 600mm，人孔直径一般为 $450\sim600mm$，其伸出塔体的筒体长为 $200\sim250mm$，人孔中心距操作平台约为 $800\sim1200mm$。

## 3.5.3 塔板结构

板式塔的塔板结构可以分为整块式和分块式两种。一般来讲，塔径在 $300\sim900mm$ 之间时，人难以进入塔内进行安装和检修，所以将塔板做成整块式；当塔径在 800mm 以上时人已能在塔内进行拆装操作，故采用分块式塔板；塔径在 $800\sim900mm$ 之间时可按便于制造、安装的具体情况选定。

### 3.5.3.1 整块式塔板结构

整块式塔板分为定距管式和重叠式两类。采用整块式塔板的塔体是由若干个塔节组成的，塔节之间用法兰连接。每个塔节中安装若干块塔板，塔板之间用管子支撑，并保持所规定的间距。

定距管式塔板是用定距管和拉杆将同一塔节内的几块塔板支撑并固定在塔节内的支承上。其结构图参见有关书籍（如本书参考文献 [14]）。

重叠式塔板在第一节塔节下面焊有一组支承，底层塔板安装在支座上。然后依次装入上一层塔板，塔板间距由焊在塔板下的支柱保证，并用调节螺丝调节塔板的水平度。其结构图参见有关书籍（如本书参考文献 [14]）。

塔节内的板数与塔径和板间距有关。如以塔径 $D=600\sim700mm$ 的塔节为例，对应于不同的板间距，塔节内安装的塔板数 $N_p'$、塔节高度 $L$ 以及下法兰端面的距离 $h_1$，如表 3-4 所示。

表 3-4 塔板的有关尺寸

| $H_T$/mm | $N_p'$ | $L$/mm | $h_1$/mm |
|---|---|---|---|
| 300 | 6 | 1800 | 200 |
| 350 | 5 | 1750 | 250 |
| 450 | 4 | 1800 | 350 |

塔板结构由整块式塔板、塔板圈和带溢流堰的降液管组成。

（1）塔板 塔板直径 $D_2$ 一般取 $(D-4)$mm，其中 $D$ 为塔内径。对碳钢塔板，板厚取 3～4mm；对不锈钢塔板，板厚取 2～3mm。板间距 $H$、堰宽 $b$ 及浮阀空间距 $t$ 由工艺决定。

（2）塔板圈 塔板圈内径 $D_1$ 一般取 $(D-30)$mm。碳钢塔板圈厚 3mm。塔板圈的高度 $h_1$ 一般可取 70mm，不得低于溢流堰的高度。塔板圈与塔体内壁的间隙一般取 10～12mm。设计时应考虑塔体椭圆度的影响，使安装不致发生困难；塔板尺寸见表 3-5。

表 3-5 塔板尺寸       mm

| 塔径 $D$ | | | 300 | (350) | 400 | (450) | 500 | 600 | 700 | 800 | 900 |
|---|---|---|---|---|---|---|---|---|---|---|---|
| 碳钢塔 | 塔板厚 $S$ | | 3 | | | | | 4 | | | |
| | 塔板圈内径 $D_1$ | | 274 | 324 | 374 | 424 | 474 | 568 | 668 | 768 | 868 |
| | 塔板直径 | $D_2$ | 297 | 347 | 397 | 447 | 497 | 596 | 696 | 796 | 896 |
| | | $D_3$ | 290 | 340 | 390 | 440 | 490 | 590 | 690 | 790 | 890 |
| 不锈钢塔 | 塔板厚 $S$ | | 2 | | | | | 3 | | | |
| | 塔板圈内径 $D_1$ | | 276 | 326 | 376 | 426 | 476 | 570 | 670 | 770 | 870 |
| | 塔板直径 | $D_2$ | 297 | 347 | 397 | 447 | 497 | 596 | 696 | 796 | 896 |
| | | $D_3$ | 290 | 340 | 390 | 440 | 490 | 590 | 690 | 790 | 890 |
| | 翻边塔板 $R$ | | 6 | | | | | 8 | | | |

（3）降液装置 降液管的形式有弓形和圆形两种。由于圆形降液管的降液面积和气液分离空间均较小，通常在液体负荷低或塔径较小时使用，故工业上多采用弓形降液管。弓形降液管和溢流堰的结构，其尺寸 $l_w$、$W_d$ 可由附录 5 查出。

（4）密封结构 在这类塔板结构中，为了便于在塔节筒体内装卸塔板，塔板与塔壁之间必须有一定的间隙，此间隙一般采用填料密封，以防止气体由此处通过。

（5）定距管支承结构 此处介绍定距管式支承结构。定距管支承结构是先将 3～4 个支座焊在塔壁上。定距管内有一拉杆，拉杆穿过各层塔板上的拉杆孔，拧紧拉杆上、下两端螺母，就可以把各层塔板紧固成一整体，最下层塔板固定于塔节内壁的支座上。定距管除了支承塔板外，还起保持塔板间距的作用。这种支承结构比较简单，在塔节长度不大时（一般≤1800mm）广泛地用于整块式塔板结构中。支座的尺寸见表 3-6、图 3-15。图 3-15 所示为适用于定距管支承结构的两种支座。（a）为焊接的支座，（b）为冲压的支座。在大量生产中，冲压结构比较经济。在小量生产中，为了避免做冲压模具，推荐用焊接结构。

**表 3-6　定距管支承结构支座尺寸**　　　　　　　　　　　mm

| 塔径 D | | 300 | (350) | 400 | (450) | 500 | 600 | 700 | 800 | 900 |
|---|---|---|---|---|---|---|---|---|---|---|
| 支座尺寸 | a | 51 | 51.5 | 52 | 52 | 52.5 | 58 | 58 | 58.5 | 58.5 |
| | b | 20 | 20 | 20 | 20 | 20 | 20 | 20 | 20 | 20 |
| | c | 40 | 40 | 40 | 40 | 45 | 45 | 45 | 45 | 45 |
| | d | $\phi16$ | $\phi16$ | $\phi16$ | $\phi16$ | $\phi18$ | $\phi18$ | $\phi18$ | $\phi18$ | $\phi18$ |
| | S | 4 | 4 | 6 | 6 | 6 | 6 | 6 | 6 | 6 |

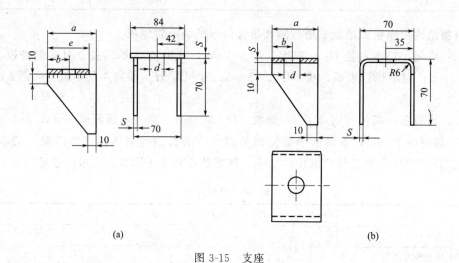

(a)　　　　　　　　　　　　　　　　(b)

图 3-15　支座

（6）塔板吊耳　为了便于在塔节内拆装塔板，常在塔板上焊接两个吊耳。用圆钢做的吊耳如图 3-16 所示。

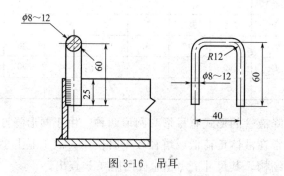

图 3-16　吊耳

（7）塔节长度　塔节长度取决于塔径和塔板支承结构。当塔内径为 300～500mm 时，只能将手臂伸入塔节内进行塔板安装，此时塔节长度以 800～1000mm 为宜。塔径为 600～700mm 时，已能将上身伸入塔内安装，塔节长度可取 1200～1500mm。当塔径大于 800mm 时，人可进入塔内安装，塔节长度以不超过 2000～2500mm 为宜。由于定距管支承结构受到拉杆长度和塔节内塔板数的限制，每个塔节内的塔板数不宜超过 5～6 块，否则会引起安装上的困难。

#### 3.5.3.2　分块式塔板结构

当塔径较大（≥800mm）时，则由于刚度的要求，势必要增加塔板的厚度，在制造、安装和检修方面都存在困难；且塔径此时已经可以使人进入塔内安装检修塔板，为了便于安装，一般采用分块式塔板结构。其塔体不必分成若干塔节。

为了减少液位落差，分块式塔板又可分为单流塔板和双流塔板。当塔径为 800～2400mm 时，可采用单流塔板。塔径在 2400mm 以上时，常采用双流塔板。此处只介绍单流塔板，双流塔板可参阅有关书籍。

图 3-17 是单流分块式塔板结构图。为了便于表达塔板的详细结构，其主视图上的下层未装塔板，仅画出塔板固定件。俯视图上作了局部拆卸剖视，把其右后 1/4 的塔板卸掉了，以便清晰表示出塔板下面的塔板固定件。

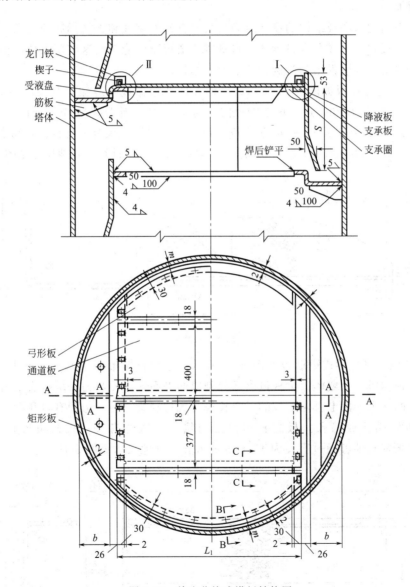

图 3-17 单流分块式塔板结构图

塔板分成数块，靠近塔壁的两块是弓形板，其余均为矩形板。为了安装和检修方便，矩形板中的一块板作为通道板。塔板的分块数与塔径大小有关，按表 3-7 选取。不管塔板分为多少块，中间必有一块通道板。

**表 3-7　分块式塔板数目**

| 塔径/mm | 800~1200 | 1400~1600 | 1800~2000 | 2200~2400 |
|---|---|---|---|---|
| 分块数目 | 3 | 4 | 5 | 6 |

作为支撑作用的支承圈、支承板和受液盘分别焊接在塔体上，弓形板放在它们的上面，矩形板放在支承板、受液盘和弓形板上，通道板放在支承板、受液盘、弓形板和矩形板上。各分块塔板均采用楔子和龙门铁紧固。当塔径大于 1600mm 时，受液盘下面尚需放一块筋板加固。

（1）塔板结构　塔板结构的设计应满足具有良好的刚性和方便拆卸的要求。塔板的结构形式分为平板式、槽式和自身梁式。自身梁式塔板结构能满足这些要求从而得到广泛应用。本节以自身梁式塔板结构为例介绍塔板的结构。

① 弓形板。弓形板如图 3-18 所示。弓形板的弦边做成自身梁，其长度与矩形板同。弧边直径 $D_i$ 与塔径 $D$ 和弧边至塔壁的径向距离 $m$ 有关，当 $D \leqslant 2000mm$ 时，$m=20mm$；$D>2000mm$ 时，$m=30mm$。弧边直径 $D_i = D - 2m$。弓形板矢高 $e$ 与 $D$、$m$ 和塔板分块数 $n$ 有关，按 $e = 0.5[D - 377(n-3) - 18(n-1) - 400 - 2m]$ 进行计算，其他尺寸见图 3-18。

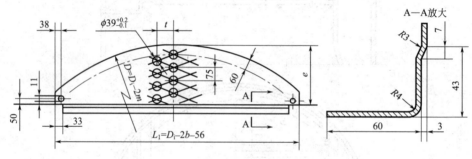

图 3-18　弓形板

② 矩形板。自身梁式矩形板如图 3-19 所示。它是将矩形板沿其长边向下弯曲而成，从而使梁和板构成一个整体。梁板过度部分制成凹平面，以便与另一塔板实现搭接安装并与之保持在同一水平面上。矩形板的一个长边为无自身梁，另一边为有自身梁。按工艺要求在板上布置阀孔或筛孔。板的长边尺寸与塔径、堰宽有关；板的短边长度统一取 420mm，以便塔板能够通过直径为 450mm 的人孔。其他尺寸见图 3-19。

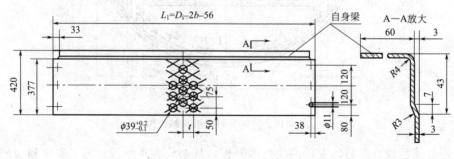

图 3-19　矩形板

③ 通道板。通道板结构如图 3-20 所示。通道板为无自身梁的一块矩形平板，其两边

搁在弓形板或矩形板的自身梁上。通道板应容易拆装，最好采用上下均可拆的连接结构。通道板的大小以能顺利通过人体为宜，各层通道板的位置最好处在同一垂直位置上，以利于采光、拆装和检修人员的操作。按工艺要求在板上布置阀孔或筛孔。它的长边尺寸与矩形板相同，短边长度统一取 400mm。

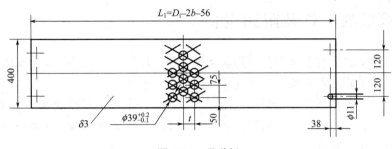

图 3-20　通道板

（2）降液板和受液盘结构

① 降液板结构。用于分块式塔板的降液板结构可分为固定式和可拆分式两种。当物料清洁而又不易聚合时，采用固定式。由于降液板高出塔板的部分兼作出口堰，所以降液板长度就是堰长 $l_w$，由工艺条件决定。降液板高度 $H$ 也由工艺决定。当物料腐蚀较严重或容易聚合时，为了便于清洗和检修，降液板做成可拆式。

② 受液盘结构。受液盘有凹型和平板型两种结构形式。受液盘的结构对降液管的液封和液体流入塔盘的均匀性有一定影响。常用的凹型受液盘结构如图 3-21 所示。凹型受液盘的优点是在多数情况下能造成液封，且有利于塔板入口处液体的鼓泡和侧线抽液，但不利于易沉积聚合的物料。受液盘的深度 $h$ 由工艺决定，有 50mm、125mm、150mm 三种，通常取 50mm，受液盘的板厚与塔径有关。当 $D$ 为 800～1400mm 时，厚度 $\delta$ 取 4mm；$D$ 为 1600～2400mm 时，$\delta$ 取 6mm。凹型受液盘上应开一定数量的泪孔，当 $D \leqslant$ 1400mm 时，只需开一个直径为 10mm 的泪孔。平板型受液盘的结构简单，不易沉积物料，但需另设入口堰液封降液管。

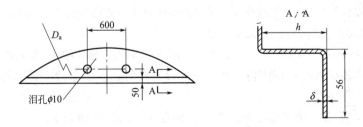

图 3-21　凹型受液盘

（3）支承板和支承圈结构　塔体通过支承板和支承圈来支承内件，支承板的厚度一般取 10mm，宽度取 50mm，长度随塔径和堰长而定。支承圈的厚度为 10mm。支承板和支承圈的材料一般选用 Q235（A3）钢。

（4）紧固件结构　在分块塔板之间以及塔板和支承板、支承圈、受液盘之间均需采用各种形式的紧固件连接。常用的紧固件有两种，一种是龙门楔子紧固件，另一种是螺纹卡板紧固件。其中，龙门楔子紧固件，因其结构简单，装拆方便，不需特殊钢材的特点，而被广泛使用。

通常情况下，龙门铁分别焊在支承板、受液盘和弓形板的自身梁上。放在塔板或通道板后，让楔子进入龙门铁的开口中，并与龙门铁焊在一起，即可将塔板或通道板压紧。

# 3.6 精馏塔的附件及附属设备

完整的板式精馏塔有很多附件和附属装置，如除沫器、人（手）孔、基座、吊柱、封头和连接法兰。在此主要介绍封头和连接法兰的设计选型。

精馏装置的主要附属设备包括蒸汽冷凝器、产品冷凝器、塔底再沸器、原料预热器、直接蒸汽鼓泡管、物料输送管及泵等。前四种设备本质上属换热器，并多采用列管式换热器，管线和泵属输送装置。

## 3.6.1 封头和法兰的选型

### 3.6.1.1 封头

封头的公称直径必须与筒体的公称直径相一致。椭圆形封头是中低压容器中经常采用的封头型式。附录 6 给出了 $DN \leqslant 3500$mm 标准椭圆形封头的数值。封头质量可用其内表面积乘以名义厚度再乘以钢材的密度（约 7800kg/m³）来估算。

### 3.6.1.2 法兰标准

法兰设计一般根据法兰标准的选型设计。法兰有压力容器法兰和管法兰，二者属于不同的标准体系。

现行压力容器法兰标准有 JB 4701—92《甲型平焊法兰》、JB 4702—92《乙型平焊法兰》。

管法兰及其垫片、紧固系统称为法兰接头。法兰接头是化工工程设计中使用极为普遍，涉及面非常广泛的一种零部件。它是配管设计、管件阀门中必不可少的零件，而且也是设备、设备零部件（如人孔、手孔、液面计等）中必备的构件。

我国现有的管法兰标准有原化学工业部标准 HG 20592—20635、原机械部标准 B/T 74—90J 和国家标准 GB 9112—9125 三种。

1997 年版的 HG 20592—20635 标准包括国际通用的欧洲和美洲两大体系，形成了一套内容完整、体系清晰、适用国情，并与国际接轨的管法兰、垫片、紧固件标准。

法兰设计步骤如下：

① 根据设计压力、操作温度和法兰材料决定法兰的公称压力 $PN$；
② 根据公称直径 $DN$、公称压力 $PN$ 及介质特性决定法兰类型及密封面型式；
③ 根据温度、压力及介质腐蚀性选择垫片的材料；
④ 选择与法兰材料、垫片材料相匹配的螺柱和螺母材料。

选择的标准法兰应按照相应标准中的规定进行标记。

## 3.6.2 接管直径

各接管直径由流体速度及其流量按连续性方程决定，即：

$$d = \sqrt{\frac{4q_V}{\pi u}} \tag{3-76}$$

式中　$q_V$——流体体积流量，$m^3/s$；

　　　$u$——流体流速，$m/s$；

　　　$d$——管子直径，$m$。

#### 3.6.2.1　塔顶蒸气出口管径 $d_V$

塔顶蒸气出口管中的允许气速 $u_V$ 应不产生过大的压降，其值可参照表 3-8。

表 3-8　蒸气出口管中允许气速参照表

| 操作压力(绝压)/MPa | <1.0 | 1.0～4.0 | 4.0～12.0 |
|---|---|---|---|
| 蒸气速度/(m/s) | 15～20 | 20～40 | 40～60 |

#### 3.6.2.2　回流液管径 $d_R$

冷凝器安装在塔顶时，冷凝液靠重力回流，一般流速为 0.2～0.5m/s，速度太大，则冷凝器的高度也相应增加。用泵回流时，速度可取 1.5～2.5m/s。

#### 3.6.2.3　进料管径 $d_F$

料液由高位槽进塔时，料液流速取 0.4～0.8m/s。由泵输送时，流速取 1.5～2.5m/s。

#### 3.6.2.4　釜液排出管径 $d_W$

釜液流出的速度一般取 0.5～1.0m/s。

#### 3.6.2.5　饱和水蒸气管

饱和水蒸气压力在 295kPa(表压) 以下时，蒸汽在管中流速取为 20～40m/s；表压在 785kPa 以下时，流速取为 40～60m/s；表压在 2950kPa 以上时，流速取为 80m/s。

#### 3.6.2.6　加热蒸汽鼓泡管

加热蒸汽鼓泡管，又叫蒸汽喷出器。若精馏塔采用直接蒸汽加热时，在塔釜中要装开孔的蒸汽鼓泡管。为使加热蒸汽能均匀分布于釜液中，其结构为一环式蒸汽管，管子上适当地开一些小孔。当小孔直径小时，气泡分布更均匀。但太小不仅增加阻力损失，而且容易堵塞。其孔直径一般为 5～10mm，孔距为孔径的 5～10 倍。小孔总面积为鼓泡管横截面积的 1.2～1.5 倍，管内蒸汽速度为 20～25m/s。加热蒸汽管距釜中液面的高度至少在 0.6m 以上，以保证蒸汽与溶液有足够的接触时间。

### 3.6.3　回流冷凝器

#### 3.6.3.1　回流冷凝器的类型

按冷凝器与塔的位置，可分为整体式、自流式和强制循环式。

(1) 整体式　如图 3-22(a)、(b) 所示。将冷凝器与精馏塔制成一体。这种布局的优点是上升蒸汽压降较小，蒸汽分布均匀，缺点是塔顶结构复杂，不便维修，当需用阀门、流量计来调节时，需较大位差，需增大塔顶板与冷凝器间距离，导致塔体过高。该型式常用于减压精馏或传热面较小场合。

(2) 自流式　如图 3-22(c) 所示。将冷凝器装在塔顶附近的台架上，靠改变台架的高度来获得回流和采出所需的位差。

（3）强制循环式 如图 3-22（d）、（e）所示。当冷凝器换热面过大时，装在塔顶附近对造价和维修都是不利的，故将冷凝器装在离塔顶较远的低处，用泵向塔提供回流液。

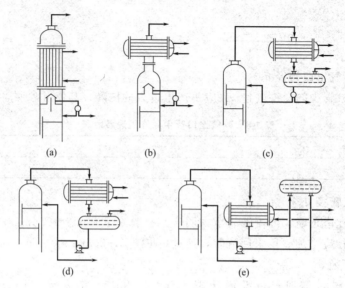

（a）  （b）  （c）

（d）  （e）

图 3-22 冷凝器的型式

需指出的是，在一般情况下，冷凝器采用卧式，因为卧式的冷凝液膜较薄，故对流传热系数较大，且卧式便于安装和维修。

### 3.6.3.2 冷凝器的设计

冷凝器的设计步骤与换热器设计步骤相同，但须注意，由于冷凝器常用于精馏过程，考虑到精馏塔操作常需要调整回流比，同时还可能兼有调节塔压的作用，应适当加大其面积裕度，按经验，其面积裕度应在 30％左右。

## 3.6.4 再沸器

### 3.6.4.1 再沸器的种类

精馏塔底的再沸器可分为釜式再沸器、热虹吸式再沸器及强制循环再沸器。

（1）釜式再沸器 如图 3-23（a）、（b）所示。（a）是卧式再沸器，壳方为釜液沸腾，管内可以加热蒸汽。塔底液体进入底液池中，再进入再沸器的管际空间被加热而部分汽化。蒸汽引到塔底最下一块塔板的下面，部分液体则通过再沸器内的垂直挡板，作为塔底产物被引出。液体的采出口与垂直塔板之间的空间至少停留 8～10min，以分离液体中的气泡。为减少雾沫夹带，再沸器上方应有一分离空间，对于小设备，管束上方至少有 300mm 高的分离空间，对于大设备，取再沸器壳径为管束直径的 1.3～1.6 倍。（b）是夹套式再沸器，液面上方必须留有蒸发空间，一般液面维持在容积的 70％左右。夹套式再沸器，常用于传热面较小或间歇精馏中。

（2）热虹吸式再沸器 如图 3-23（c）、（d）、（e）所示。它是依靠釜内部分汽化所产生的汽、液混合物，其密度小于塔底液体密度，由密度差产生静压差使液体自动从塔底流入再沸器，因此该种再沸器又称自然循环再沸器。这种型式的再沸器汽化率不大于 40％，否则传热不良。

（3）强制循环再沸器　如图 3-23(f) 所示。对于高黏度液体和热敏性气体宜用泵强制循环式再沸器，因流速大、停留时间短，便于控制和调节液体循环量。

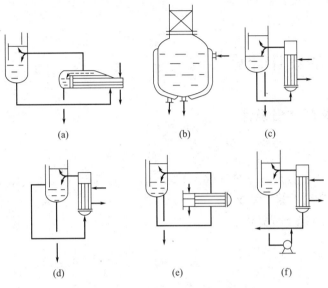

（a）　　　　　　（b）　　　　　　（c）

（d）　　　　　　（e）　　　　　　（f）

图 3-23　再沸器的型式

原料预热器和产品冷却器的型式没有塔顶冷凝器和塔底再沸器的制约条件那样多，可按传热原理计算。

#### 3.6.4.2　再沸器设计

再沸器采用管壳式热交换器时，其工艺设计与前面介绍的方法大同小异，主要差别在于换热器热负荷采用相变热计算方法，管壳式外传热膜系数采用有相变时的计算方法。另外，再沸器结构形式不同会导致工艺设计方法有些差异。

### 3.6.5　离心泵的选择

离心泵的选择，一般可按下述方法与步骤进行。

（1）确定输送系统的流量与压头　液体的输送量一般为生产任务所规定，如果流量在一定范围内波动，选泵时应按最大流量考虑。根据输送系统管路的安排，用柏努利方程计算在最大流量下管路所需的压头。

（2）选择泵的类型与型号　首先应根据输送液体的性质和操作条件确定泵的类型，然后按已确定的流量 $q_e$ 和压头 $H_e$ 从泵的样本或产品目录中选出合适的型号。显然，选出的泵所提供的流量和压头不见得与管路要求的流量 $q_e$ 和压头 $H_e$ 完全相符，且考虑到操作条件的变化和备有一定的裕量，所选泵的流量和压头可稍大一点，但在该条件下对应泵的效率应比较高，即点 $(q_e, H_e)$ 坐标位置应靠在泵的高效率范围所对应的 $H-q$ 曲线下方。另外，泵的型号选出后，应列出该泵的各种性能参数。

（3）核算泵的轴功率　若输送液体的密度大于水的密度时，可按下列公式核算泵的轴功率 $P(kW)$。

$$P = \frac{qH\rho}{102\eta} \tag{3-77}$$

式中　$q$——泵的流量，$m^3/s$；

　　　$H$——泵的压头，m；

　　　$\rho$——流体的密度，$kg/m^3$；

　　　$\eta$——离心泵的总效率。

# 3.7　精馏塔的设计计算实例

## 实例一　苯-甲苯精馏塔设计

**一、设计任务和条件**

（1）年处理含苯 41%（质量分数，下同）的苯-甲苯混合液 3 万吨。

（2）产品苯含量不低于 96%。

（3）残液中苯含量不高于 1%。

（4）操作条件：

| | |
|---|---|
| 精馏塔的塔顶压力 | 4kPa（表压） |
| 进料状态 | 自选 |
| 回流比 | 自选 |
| 加热蒸汽压力 | 101.33kPa（表压） |
| 单板压降 | 不大于 0.70kPa（表压） |
| 全塔效率 | $E_T=52\%$ |

（5）设备型式　　　　　浮阀塔（F1 型）

（6）厂址　　　　　　　太原地区

（7）设备工作日　　　　300 天/年，24h 连续运行

（8）太原地区夏天水温　16～18℃

（9）太原地区的当地大气压　92kPa（绝压）

**二、设计计算**

（一）设计方案的确定

本设计任务为分离苯和甲苯混合物。对于二元混合物的分离，应采用常压下的连续精馏装置。本设计采用泡点进料，将原料液通过预热器加热至泡点后送入精馏塔内。塔顶上升蒸汽采用全凝器冷凝，冷凝液在泡点下一部分回流至塔内，其余部分经产品冷却器冷却后送入储罐。该物系属易分离物系，最小回流比较小，操作回流比取最小回流比的 1.5 倍。塔釜采用间接蒸汽加热，塔底产品经冷却后送至储罐。

（二）精馏塔的物料衡算

1. 原料液及塔顶、塔底产品的摩尔分数

苯的摩尔质量　　　　　$M_A=78kg/kmol$

甲苯的摩尔质量　　　　$M_B=92kg/kmol$

$$x_F=\frac{0.41/78}{0.41/78+0.59/92}=0.45$$

$$x_D = \frac{0.96/78}{0.96/78 + 0.04/92} = 0.966$$

$$x_W = \frac{0.01/78}{0.01/78 + 0.99/92} = 0.012$$

## 2. 原料液及塔顶、塔底产品的平均摩尔质量

$$M_F = 0.45 \times 78 + 0.55 \times 92 = 85.7$$

$$M_D = 0.966 \times 78 + 0.034 \times 92 = 78.48$$

$$M_W = 0.012 \times 78 + 0.988 \times 92 = 91.83$$

## 3. 物料衡算

原料处理量 $\quad q_{n,F} = \dfrac{30000 \times 10^3}{24 \times 300 \times 85.7} = 48.62 \ (\text{kmol/h})$

总物料衡算 $\quad 48.62 = q_{n,D} + q_{n,W}$

苯物料衡算 $\quad 48.62 \times 0.45 = 0.966 q_{n,D} + 0.012 q_{n,W}$

联立解得 $\quad q_{n,D} = 22.32 \text{kmol/h}$

$$q_{n,W} = 26.30 \text{kmol/h}$$

（三）塔板数的确定

## 1. 理论板层数 $N_T$ 的确定

苯-甲苯属理想体系，可采用图解法求理论板层数。

（1）由苯-甲苯物系的气液平衡数据绘出 $x$-$y$ 图，见附图1。

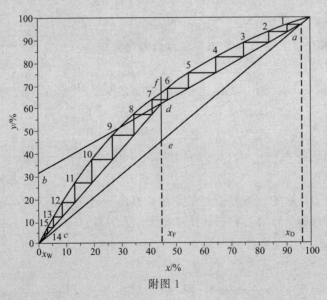

附图1

（2）求最小回流比及操作回流比。

采用作图法求最小回流比。在附图1中对角线上，自点 $e(0.45，0.45)$ 作垂线 $ef$ 即为 $q$ 线，该线与平衡线的交点坐标为 $y_q = 0.667$，$x_q = 0.450$。

故最小回流比为

$$R_{min} = \frac{x_D - y_q}{y_q - x_q} = \frac{0.966 - 0.667}{0.667 - 0.45} = 1.38$$

取操作回流比为

$$R = 1.5R_{\min} = 1.5 \times 1.38 = 2.07$$

（3）求精馏塔的气、液相负荷

$$q_{n,L} = Rq_{n,D} = 2.07 \times 22.3 = 46.16 \ (\text{kmol/h})$$

$$q_{n,V} = (R+1)q_{n,D} = (2.07+1) \times 22.3 = 68.46 \ (\text{kmol/h})$$

$$q_{n,L'} = q_{n,L} + q_{n,F} = 46.16 + 48.62 = 94.78 \ (\text{kmol/h})$$

$$q_{n,V'} = q_{n,V} = 68.46 \text{kmol/h}$$

（4）操作线方程

精馏段操作线方程为

$$y = \frac{q_{n,L}}{q_{n,V}}x + \frac{q_{n,D}}{q_{n,V}}x_D = 0.674x + 0.315$$

提馏段操作线方程为

$$y' = \frac{q_{n,L'}}{q_{n,V'}}x' - \frac{q_{n,W}}{q_{n,V'}}x_W = 1.384x' - 0.0046$$

（5）图解法求理论板层数　采用图解法求理论板层数，如附图 1 所示。求解结果为：总理论板层数 $N_T = 15$，其中 $N_{T,精} = 6$，$N_{T,提} = 8$（不包括再沸器），进料板位置 $N_F = 7$。

2. 实际板层数的求取

精馏段实际板层数　$N_{p,精} = 6/0.52 = 11.54 \approx 12$

提馏段实际板层数　$N_{p,提} = 8/0.52 = 15.38 \approx 16$

总实际板层数　$N_p = N_{p,精} + N_{p,提} = 28$

（四）精馏塔的工艺条件及有关物性数据的计算

1. 操作压力

塔顶操作压力　$p_D = p_{当地} + p_{表} = 92 + 4 = 96 \ (\text{kPa})$

每层塔板压降　$\Delta p = 0.7\text{kPa}$

进料板压降　$p_F = 96 + 0.7 \times 12 = 104.4 \ (\text{kPa})$

精馏段平均压降　$p_m = (96 + 104.4)/2 = 100.2 \ (\text{kPa})$

2. 操作温度

依据操作压力，由泡点方程通过试差法计算出泡点温度，其中苯-甲苯的饱和蒸气压由安托尼方程计算，计算过程略。计算结果如下：

塔顶温度　$t_D = 79.1℃$

进料板温度　$t_F = 81.8℃$

精馏段平均温度　$t_m = (79.1 + 81.8)/2 = 80.45 \ (℃)$

3. 平均摩尔质量

塔顶气、液混合物平均摩尔质量：由 $x_D = y_1 = 0.966$，查平衡曲线（见附图 1），得 $x_1 = 0.916$。

$$M_{VDm} = 0.966 \times 78 + 0.034 \times 92 = 78.48 \ (\text{kg/kmol})$$

$$M_{LDm} = 0.916 \times 78 + 0.084 \times 92 = 79.18 \ (\text{kg/kmol})$$

进料板气、液混合物平均摩尔质量：由图解理论板（见附图 1），得 $y_F = 0.624$；查平衡曲线（见附图 1），得 $x_F = 0.4$。

$$M_{VFm} = 0.624 \times 78 + 0.376 \times 92 = 83.26 \text{ (kg/kmol)}$$

$$M_{LFm} = 0.4 \times 78 + 0.6 \times 92 = 86.4 \text{ (kg/kmol)}$$

精馏段气、液混合物平均摩尔质量：

$$M_{Vm} = (78.48 + 83.26)/2 = 80.87 \text{ (kg/kmol)}$$

$$M_{Lm} = (79.18 + 86.4)/2 = 82.79 \text{ (kg/kmol)}$$

**4. 平均密度**

（1）气相平均密度　由理想气体状态方程计算，即

$$\rho_{Vm} = \frac{p_m M_{Vm}}{R T_m} = \frac{100.2 \times 80.87}{8.314 \times (80.45 + 273.15)} = 2.76 \text{ (kg/m}^3\text{)}$$

（2）液相平均密度　液相平均密度计算公式：

$$\frac{1}{\rho_m} = \sum W_i / \rho_i$$

塔顶液相平均密度：由 $t_D = 79.1℃$，查手册得：$\rho_A = 817 \text{kg/m}^3$，$\rho_B = 810 \text{kg/m}^3$。

$$\rho_{LDm} = \frac{1}{0.96/817 + 0.04/810} = 816.72 \text{ (kg/m}^3\text{)}$$

进料板液相平均密度：由 $t_F = 81.8℃$，查手册得 $\rho_A = 810 \text{kg/m}^3$，$\rho_B = 805 \text{kg/m}^3$。进料板液相的质量分数为

$$w_A = \frac{0.4 \times 78}{0.4 \times 78 + 0.6 \times 92} = 0.361$$

$$\rho_{LFm} = \frac{1}{0.361/810 + 0.639/805} = 807.6 \text{ (kg/m}^3\text{)}$$

精馏段液相平均密度为

$$\rho_{Lm} = (816.72 + 807.6)/2 = 812.16 \text{ (kg/m}^3\text{)}$$

**5. 液相平均表面张力**

液相平均表面张力计算公式：　　　　　$\sigma_{Lm} = \sum x_i \sigma_i$

塔顶液相平均表面张力：由 $t_D = 79.1℃$，查附录 4 得 $\sigma_A = 21.4 \times 10^{-3} \text{N/m}$，$\sigma_B = 22.0 \times 10^{-3} \text{N/m}$。

$$\sigma_{LDm} = 0.966 \times 21.4 + 0.034 \times 22.0 = 21.42 (\times 10^{-3} \text{N/m})$$

进料板液相平均表面张力：由 $t_F = 81.8℃$，查附录 4 得 $\sigma_A = 21.0 \times 10^{-3} \text{N/m}$，$\sigma_B = 21.8 \times 10^{-3} \text{N/m}$。

$$\sigma_{LFm} = 0.4 \times 21.0 + 0.6 \times 21.8 = 21.48 (\times 10^{-3} \text{N/m})$$

精馏段液相平均表面张力：

$$\sigma_{Lm} = (21.42 + 21.48)/2 = 21.45 (\times 10^{-3} \text{N/m})$$

### 6. 液相平均黏度

液相平均黏度计算公式：$\lg\mu_{Lm}=\sum x_i\lg\mu_i$

塔顶液相平均黏度：由 $t_D=79.1℃$，查附录 4 得 $\mu_A=0.294mPa\cdot s$，$\mu_B=0.325mPa\cdot s$。计算得

$$\mu_{LDm}=0.295mPa\cdot s$$

进料板液相平均黏度：由 $t_F=81.8℃$，查附录 4 得 $\mu_A=0.29mPa\cdot s$，$\mu_B=0.305mPa\cdot s$。计算得

$$\mu_{LFm}=0.299mPa\cdot s$$

精馏段液相平均黏度为

$$\mu_{Lm}=(0.295+0.299)/2=0.297\,(mPa\cdot s)$$

## （五）精馏塔的塔体工艺尺寸计算

### 1. 塔径的计算

（1）最大空塔气速和空塔气速　最大空塔气速计算公式：

$$u_{max}=C\sqrt{\frac{\rho_L-\rho_V}{\rho_V}}$$

精馏段的气、液相体积流率为

$$q_{V,V}=\frac{q_{n,V}M_{Vm}}{3600\rho_{Vm}}=\frac{68.46\times80.87}{3600\times2.76}=0.557\,(m^3/s)$$

$$q_{V,L}=\frac{q_{n,L}M_{Lm}}{3600\rho_{Lm}}=\frac{46.16\times82.79}{3600\times812.16}=0.00131\,(m^3/s)$$

$C$ 由式(3-40)求取，其中的 $C_{20}$ 由图 3-3 查取，图中横坐标为

$$\frac{q_{V,L}}{q_{V,V}}\left(\frac{\rho_L}{\rho_V}\right)^{1/2}=\frac{0.00131\times3600}{0.557\times3600}\times\left(\frac{812.16}{2.76}\right)^{1/2}=0.0403$$

取板间距 $H_T=0.45m$，板上液层高度 $h_L=0.05m$，则

$$H_T-h_L=0.45-0.05=0.4\,(m)$$

查图 3-3 得 $C_{20}=0.085$

$$C=C_{20}\left(\frac{\sigma_{Lm}}{20}\right)^{0.2}=0.085\times\left(\frac{21.45}{20}\right)^{0.2}=0.0862$$

$$u_{max}=C\sqrt{\frac{\rho_L-\rho_V}{\rho_V}}=0.0862\times\sqrt{\frac{812.16-2.76}{2.76}}=1.476\,(m/s)$$

取安全系数为 0.6，则空塔气速为

$$u=0.6u_{max}=0.6\times1.476=0.8856\,(m/s)$$

（2）塔径

$$D=\sqrt{\frac{4q_{V,V}}{\pi u}}=\sqrt{\frac{4\times0.557}{\pi\times0.8856}}=0.895\,(m)$$

按标准塔径圆整后为

$$D=1.0m$$

塔截面积为 $A_T=\dfrac{\pi}{4}D^2=\dfrac{\pi}{4}\times1.0^2=0.785$（$m^2$）

实际空塔气速为 $u=\dfrac{q_{V.V}}{A_T}=\dfrac{0.557}{0.785}=0.710$（$m/s$）

2. 精馏塔有效高度的计算

精馏段有效高度为

$$Z_{精}=(N_{精}-1)H_T=(12-1)\times0.45=4.95\,(m)$$

提馏段有效高度为

$$Z_{提}=(N_{提}-3)H_T=(15-3)\times0.45=5.4\,(m)$$

在进料板处及提馏段各开 1 个人孔，其高度均为 0.8m，故精馏塔的有效高度为

$$Z=(Z_{精}+Z_{提})+0.8\times2=4.95+5.4+0.8\times2=11.95\,(m)$$

（六）塔板主要工艺尺寸的计算

1. 溢流装置计算

因塔径 $D=1.0m$，可选用单溢流弓形降液管，采用凹型受液盘。各项计算如下：

（1）堰长 $l_w$ 取 $l_w=0.66D=0.66\times1.0=0.66$（m）。

（2）溢流堰高度 $h_w$ 溢流堰高度计算公式

$$h_w=h_L-h_{0w}$$

选用平直堰，堰上液层高度 $h_{0w}$ 依下式计算，即

$$h_{0w}=\dfrac{2.84}{1000}E\left(\dfrac{q'_{V.L}}{l_w}\right)^{2/3}$$

近似取 $E=1$，则

$$h_{0w}=\dfrac{2.84}{1000}E\left(\dfrac{q'_{V.L}}{l_w}\right)^{2/3}=\dfrac{2.84}{1000}\times1\times\left(\dfrac{0.00131\times3600}{0.66}\right)^{2/3}=0.0105\,(m)$$

取板上液层高度 $h_L=0.05m$，故

$$h_w=h_L-h_{0w}=0.05-0.0105=0.0395\,(m)$$

（3）弓形降液管宽度 $W_d$ 及截面积 $A_f$ 由 $\dfrac{l_w}{D}=0.66$，查图 3-5 得：$\dfrac{A_f}{A_T}=0.0722$，$\dfrac{W_d}{D}=0.124$，故

$$A_f=0.0722A_T=0.0722\times0.785=0.0567\,(m^2)$$

$$W_d=0.124D=0.124\times1.0=0.124\,(m)$$

依式(3-41)验算液体在降液管中停留时间，即

$$\theta=\dfrac{3600A_fH_T}{q_{V.L}}=\dfrac{3600\times0.0567\times0.45}{0.00131\times3600}=19.47\,(s)[\geqslant5\,(s)]$$

故降液管设计合理。

（4）降液管底隙高度 $h_0$ 计算公式

$$h_0 = \frac{q'_{V,L}}{3600 l_w u'_0}$$

取 $u'_0 = 0.08\text{m/s}$，则

$$h_0 = \frac{q'_{V,L}}{3600 l_w u'_0} = \frac{3600 \times 0.00131}{3600 \times 0.66 \times 0.08} = 0.0248 \text{ (m)}$$

$$h_w - h_0 = 0.0395 - 0.0248 = 0.0147 \text{ (m)} \left[ > 0.006 \text{ (m)} \right]$$

故降液管底隙高度设计合理。

2. 塔板布置及浮阀数目与排列

取阀孔动能因数 $F_0 = 10$，用式(3-47)求孔速 $u_0$，即

$$u_0 = \frac{F_0}{\sqrt{\rho_V}} = \frac{10}{\sqrt{2.76}} = 6.02 \text{ (m/s)}$$

依式(3-48)求每层塔板上的浮阀数，即

$$N = \frac{q_{V,V}}{\frac{\pi}{4} d_0^2 u_0} = \frac{0.557}{\frac{\pi}{4} \times 0.039^2 \times 6.02} = 75$$

取边缘区宽度 $W_c = 0.06\text{m}$，破沫区宽度 $W_s = 0.07\text{m}$。依式(3-45)计算鼓泡区面积，即

$$A_a = 2 \left[ x \sqrt{R^2 - x^2} + \frac{\pi}{180°} R^2 \sin^{-1}\left(\frac{x}{R}\right) \right]$$

$$R = \frac{D}{2} - W_c = \frac{1}{2} - 0.06 = 0.44 \text{ (m)}$$

$$x = \frac{D}{2} - (W_d + W_s) = \frac{1}{2} - (0.124 + 0.07) = 0.306 \text{ (m)}$$

$$A_a = 2 \left[ 0.306 \times \sqrt{0.44^2 - 0.306^2} + \frac{\pi}{180°} \times 0.44^2 \times \sin^{-1}\left(\frac{0.306}{0.44}\right) \right] = 0.524 \text{ (m}^2\text{)}$$

浮阀排列方式采用等腰三角形叉排。取同一横排的孔心距 $t = 75\text{mm} = 0.075\text{m}$，则可按下式估算排间距 $t'$，即

$$t' = \frac{A_a}{Nt} = \frac{0.524}{75 \times 0.075} = 0.093 \text{ (m)} = 93 \text{ (mm)}$$

考虑到塔的直径较大，必须采用分块式塔板，而各分块的支承与衔接也要占去一部分鼓泡区面积，因此排间距不宜采用 93mm，而应小于此值，故取 $t' = 80\text{mm} = 0.08\text{m}$。

按 $t = 75\text{mm}$，$t' = 80\text{mm}$ 以等腰三角形叉排方式作图（略），得阀数 $N = 78$ 个。

按 $N = 78$ 重新核算孔速及阀孔动能因数：

$$u_0 = \frac{q_{V,V}}{\frac{\pi}{4} d_0^2 N} = \frac{0.557}{\frac{\pi}{4} \times 0.039^2 \times 78} = 5.978 \text{ (m/s)}$$

$$F_0 = u_0 \sqrt{\rho_V} = 5.978 \times \sqrt{2.76} = 9.93$$

阀孔动能因数变化不大，仍在 9～12 范围内。

$$塔板开孔率 = \frac{u}{u_0} = \frac{0.71}{5.978} \times 100\% = 11.88\%$$

（七）塔板流体力学验算

**1. 气相通过浮阀塔板的压降**

可根据式(3-49)计算塔板压降，即 $h_p = h_c + h_l + h_\sigma$。

（1）干板阻力　由式(3-52)先计算临界孔速，即

$$u_{0c} = \left(\frac{73.1}{\rho_V}\right)^{1/1.825} = \left(\frac{73.1}{2.76}\right)^{1/1.825} = 6.022 \ (\text{m/s})$$

因 $u_0 < u_{0c}$，则 $h_c$ 可按式(3-50)计算，即

$$h_c = 19.9 \frac{u_0^{0.175}}{\rho_L} = 19.9 \times \frac{5.978^{0.175}}{812.16} = 0.034 \ (\text{m})$$

（2）板上充气液层阻力 $h_l$　本设计分离苯和甲苯的混合液，即液相为碳氢化合物，可取充气系数 $\varepsilon_0 = 0.5$。依式(3-53)计算，即

$$h_l = \varepsilon_0 h_L = 0.5 \times 0.05 = 0.025 \ (\text{m})$$

（3）克服表面张力所造成的阻力 $h_\sigma$　因本设计采用浮阀塔，其 $h_\sigma$ 很小，可忽略不计。因此，气体流经一层浮阀塔板的压降相当的液柱高度为：

$$h_p = h_c + h_l = 0.034 + 0.025 = 0.059 \ (\text{m})$$

单板压降　　$\Delta p_p = h_p \rho_L g = 0.059 \times 812.16 \times 9.81 = 470 \ (\text{Pa})$

**2. 淹塔**

为了防止淹塔现象的发生，要求控制降液管中清液层高度 $H_d \leqslant \phi(H_T + h_w)$。$H_d$ 可用下式计算，即

$$H_d = h_p + h_L + h_d$$

（1）与气体通过塔板的压降相当的液柱高度 $h_p = 0.059\text{m}$。

（2）液体通过降液管的压头损失 $h_d$，因不设进口堰，故按式(3-62)计算，即

$$h_d = 0.153 \times \left(\frac{q_{V,L}}{l_w h_0}\right)^2 = 0.153 \times \left(\frac{0.00131}{0.66 \times 0.0248}\right)^2 = 0.00098 \ (\text{m})$$

（3）板上液层高度，取 $h_L = 0.05\text{m}$

因此 $H_d = h_p + h_L + h_d = 0.059 + 0.05 + 0.00098 = 0.11 \ (\text{m})$

取 $\phi = 0.5$，$H_T = 0.45\text{m}$，$h_w = 0.0395\text{m}$

则 $\phi(H_T + h_w) = 0.5 \times (0.45 + 0.0395) = 0.245 \ (\text{m})$

可见 $H_d < \phi(H_T + h_w)$，符合防止淹塔的要求。

**3. 雾沫夹带**

按式(3-58)及式(3-59)计算泛点率 $F_1$：

板上液体流径长度　　$Z_L = D - 2W_d = 1.0 - 2 \times 0.124 = 0.752 \ (\text{m})$

板上液流面积　　$A_b = A_T - 2A_f = 0.785 - 2 \times 0.0567 = 0.672 \ (\text{m}^2)$

苯和甲苯可按正常系统按表3-3取物性系数 $K = 1.0$，又由图3-10查得泛点负荷系数 $C_F = 0.128$，将以上数值代入式(3-58)，得

$$F_1 = \frac{q_{V,V}\sqrt{\dfrac{\rho_V}{\rho_L - \rho_V}} + 1.36 q_{V,L} Z_L}{K C_F A_b} \times 100\%$$

$$= \frac{0.557 \times \sqrt{\dfrac{2.76}{812.16 - 2.76}} + 1.36 \times 0.00131 \times 0.752}{1.0 \times 0.128 \times 0.672} \times 100\% = 39.4\%$$

又按式(3-59)计算泛点率，得

$$F_1 = \frac{q_{V,V}\sqrt{\dfrac{\rho_V}{\rho_L - \rho_V}}}{0.78 K C_F A_T} \times 100\%$$

$$= \frac{0.557 \times \sqrt{\dfrac{2.76}{812.16 - 2.76}}}{0.78 \times 1.0 \times 0.128 \times 0.785} \times 100\% = 41.5\%$$

计算出的泛点率都在 80% 以下，故可知雾沫夹带量能够满足 $e_V < 0.1$ kg 液/kg 汽的要求。

（八）塔板负荷性能图

1. 雾沫夹带线

按式(3-58)作出，即

$$F_1 = \frac{q_{V,V}\sqrt{\dfrac{\rho_V}{\rho_L - \rho_V}} + 1.36 q_{V,L} Z_L}{K C_F A_b}$$

对于一定的物系及一定的塔板结构，式中 $\rho_V$、$\rho_L$、$A_b$、$K$、$C_F$ 及 $Z_L$ 均为已知值，相应于 $e_V = 0.1$ 的泛点率上限值亦可确定，将各已知数代入上式，便得出 $q_{V,V} - q_{V,L}$ 的关系式，据此作出雾沫夹带线。

按泛点率=80%计算如下

$$\frac{q_{V,V}\sqrt{\dfrac{2.76}{812.16 - 2.76}} + 1.36 \times q_{V,L} \times 0.752}{1.0 \times 0.128 \times 0.672} = 0.8$$

整理得 $\qquad\qquad 0.0584 q_{V,V} + 1.023 q_{V,L} = 0.0688 \qquad\qquad\qquad$ (1)

或 $\qquad\qquad\qquad q_{V,V} = 1.18 - 17.52 q_{V,L}$

雾沫夹带线为直线，则在操作范围内任取两个 $q_{V,L}$ 值，依式(1)算出相应的 $q_{V,V}$ 值列于附表 1 中。

附表 1　雾沫夹带线数据

| $q_{V,L}$/(m³/s) | 0.001 | 0.002 |
|---|---|---|
| $q_{V,V}$/(m³/s) | 1.16 | 1.14 |

2. 液泛线

由 $\phi(H_T + h_w) = h_p + h_L + h_d = h_c + h_l + h_\sigma + h_L + h_d$ 确定液泛线。

忽略式中 $h_\sigma$ 项，将式(3-62)、式(3-42)、式(3-50)、式(3-51) 及 $h_L = h_w + h_{0w}$ 代入上式，得到

$$\phi(H_T + h_w) = 5.34 \frac{\rho_V u_0^2}{\rho_L 2g} + 0.153 \left(\frac{q_{V,L}}{l_w h_0}\right)^2 + (1 + \varepsilon_0)\left[h_w + \frac{2.84}{1000} E \left(\frac{3600 q_{V,L}}{l_w}\right)^{2/3}\right]$$

物系一定，塔板结构尺寸一定，则 $H_T$、$h_w$、$h_0$、$l_w$、$\rho_V$、$\rho_L$、$\varepsilon_0$ 及 $\phi$ 等均为定值，而 $u_0$ 与 $q_{V,V}$ 又有如下关系，即

$$u_0 = \frac{q_{V,V}}{\frac{\pi}{4}d_0^2 N}$$

式中阀孔数 $N$ 与孔径 $d_0$ 亦为定值。因此，可将上式简化，得

$$0.107 q_{V,V}^2 = 0.1758 - 571.08 q_{V,L}^2 - 1.32 q_{V,L}^{2/3} \tag{2}$$

在操作范围内任取若干个 $q_{V,L}$ 值，依式(2)算出相应的 $q_{V,V}$ 值列于附表2中。

附表 2　液泛线数据

| $q_{V,L}/(m^3/s)$ | 0.0005 | 0.001 | 0.0015 | 0.002 |
|---|---|---|---|---|
| $q_{V,V}/(m^3/s)$ | 1.29 | 1.27 | 1.25 | 1.23 |

**3. 液相负荷上限线**

液体的最大流量应保证在降液管中停留时间不低于 3～5s。依式(3-41)知液体在降液管内停留时间

$$\theta = \frac{3600 A_f H_T}{q'_{V,L}} = 3\sim5\,\text{s}$$

求出上限液体流量 $q_{V,L}$ 值（常数），在 $q_{V,V}$-$q_{V,L}$ 图上，液相负荷上限线为与气体流量 $q_{V,V}$ 无关的竖直线。

以 $\theta = 5$ s 作为液体在降液管中停留时间的下限，则

$$(q_{V,L})_{max} = \frac{A_f H_T}{5} = \frac{0.0567 \times 0.45}{5} = 0.0051\,(\text{m}^3/\text{s}) \tag{3}$$

**4. 漏液线**

对于 F1 型重阀，依 $F_0 = u_0 \sqrt{\rho_V} = 5$ 计算，则 $u_0 = \dfrac{5}{\sqrt{\rho_V}}$

又知 $q_{V,V} = \dfrac{\pi}{4}d_0^2 N u_0$，即

$$q_{V,V} = \frac{\pi}{4}d_0^2 N \frac{5}{\sqrt{\rho_V}}$$

式中 $d_0$、$N$、$\rho_V$ 均为已知数，故可由此式求出气相负荷 $q_{V,V}$ 的下限值，据此作出与液相流量无关的水平漏液线。

以 $F_0 = 5$ 作为规定气体最小负荷的标准，则

$$(q_{V,V})_{min} = \frac{\pi}{4}d_0^2 N u_0 = \frac{\pi}{4}d_0^2 N \frac{F_0}{\sqrt{\rho_V}} = \frac{\pi}{4}\times 0.039^2 \times 78 \times \frac{5}{\sqrt{2.76}} = 0.28\,(\text{m}^3/\text{s}) \tag{4}$$

**5. 液相负荷下限线**

取堰上液层高度 $h_{0w} = 0.006$ m 作为液相负荷下限条件，依下列 $h_{0w}$ 的计算式

$$h_{0w} = \frac{2.84}{1000}E\left[\frac{3600(q_{V,L})_{min}}{l_w}\right]^{2/3}$$

计算出 $q_{V,L}$ 的下限值，依此作出液相负荷下限线，该线为与气相流量无关的竖直直线。

$$\frac{2.84}{1000}E\left[\frac{3600(q_{V,L})_{min}}{l_w}\right]^{2/3} = 0.006$$

取 $E = 1$，则

$$(q_{V,L})_{min} = \left(\frac{0.006 \times 1000}{2.84 \times 1}\right)^{3/2}\frac{l_w}{3600} = \left(\frac{0.006 \times 1000}{2.84 \times 1}\right)^{3/2}\times\frac{0.66}{3600} = 0.00056\,(\text{m}^3/\text{s}) \tag{5}$$

根据本题附表1、附表2及式(3)～式(5)可分别作出塔板负荷性能图上的①～⑤共5条线，见附图2。

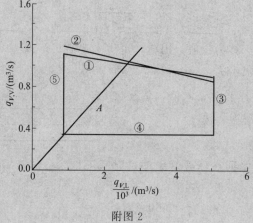

附图2

由塔板负荷性能图可以看出：

① 在任务规定的气液负荷下的操作点 $A$（设计点），处在适宜操作区域内的适中位置。

② 塔板的气相负荷上限完全由雾沫夹带控制。

③ 按照固定的液气比，由附图2查出塔板的气相负荷上限 $(q_{V,V})_{max} = 1.13 m^3/s$，气相负荷下限 $(q_{V,V})_{min} = 0.28 m^3/s$。所以：

$$操作弹性 = \frac{1.13}{0.28} = 4.04$$

将计算结果汇总列于附表3中。

附表3　浮阀塔板工艺设计结果

| 项　　目 | 数值及说明 | 备　　注 |
|---|---|---|
| 塔径 $D$/m | 1.0 | |
| 板间距 $H_T$/m | 0.45 | |
| 塔板型式 | 单溢流弓形降液管 | 分块式塔板 |
| 空塔气速 $u$/(m/s) | 0.8856 | |
| 堰长 $l_w$/m | 0.66 | |
| 堰高 $h_w$/m | 0.0395 | |
| 板上液层高度 $h_L$/m | 0.05 | |
| 降液管底隙高度 $h_0$/m | 0.0248 | |
| 浮阀数 $N$/个 | 78 | 等腰三角形叉排 |
| 阀孔气速 $u_0$/(m/s) | 5.978 | |
| 阀孔动能因数 $F_0$ | 9.93 | |
| 临界阀孔气速 $u_{0c}$/(m/s) | 6.022 | |
| 孔心距 $t$/m | 0.075 | 指同一横排的孔心距 |
| 排间距 $t'$/m | 0.08 | 指相邻两横排的中心线距离 |
| 单板压降 $\Delta p_p$/Pa | 700 | |
| 液体在降液管内停留时间 $\theta$/s | 19.47 | |
| 降液管内清液层高度 $H_d$/m | 0.11 | |
| 泛点率/% | 39.4 | |
| 气相负荷上限 $(q_{V,V})_{max}$ | 1.13 | 雾沫夹带控制 |
| 气相负荷下限 $(q_{V,V})_{min}$ | 0.28 | 漏液控制 |
| 操作弹性 | 4.04 | |

### 三、塔附件设计

1. 接管——进料管

本设计采用直管进料管，管径的计算如下：

$$d = \sqrt{\frac{4q_{V,L}}{\pi u_F}}$$

取 $u_F = 1.6 \text{m/s}$，得

$$d = \sqrt{\frac{4q_{V,L}}{\pi u}} = \sqrt{\frac{4 \times 0.00131}{\pi \times 1.6}} = 32.29 \text{（mm）}$$

取 $\phi 38\text{mm} \times 2.5\text{mm}$ 的进料管。

2. 法兰

由于常压操作，所有法兰均采用标准管法兰，平焊法兰，由不同的公称直径选用相应法兰。根据进料管选取进料管接管法兰：$PN\,0.25$，$DN\,32$(GB 20593—1997)。

3. 筒体与封头

（1）筒体　用钢板卷制而成的筒体，其公称直径的值等于内径。当筒体直径较小时可直接采用无缝钢管制作，此时公称直径的值等于钢管外径。根据所设计的塔径，先按内压容器设计厚度，厚度计算见下式：

$$\delta = \frac{p_c D}{2[\sigma]'\varphi - p_c}$$

式中　$p_c$——计算压力，MPa，根据设计压力确定；

$D$——塔径；

$\varphi$——焊接接头系数，对筒体指纵向焊接系数；

$[\sigma]'$——设计温度下材料的许用应力，MPa，与钢板的厚度有关。

由上式计算出的计算厚度 $\delta$ 加上腐蚀裕量 $C_2$ 得到设计厚度 $\delta_d$。

（2）封头　本设计采用椭圆形封头，由公称直径 $DN = 1000$，查得曲面高度 $h_1 = 250\text{mm}$，直边高度 $h_2 = 40\text{mm}$。选用封头 $DN\,1000 \times 18$（JB/T 4737—95）。

4. 人孔

人孔是安装或检修人员进出塔的唯一通道。一般每隔 10～20 块塔板设 1 个人孔，本设计的精馏塔共设 27 块塔板，需设 2 个人孔，每个人孔直径为 450mm，在设置人孔处，板间距为 800mm，裙座上应开 2 个人孔，直径为 450mm，人孔伸入塔内部应与塔内壁修平。

## 实例二　乙醇-水精馏塔设计

### 一、设计任务和条件

（1）原料液含乙醇 25％（质量分数，下同），其余为水。

（2）产品乙醇含量不低于 94％。

（3）残液中乙醇含量不高于 0.3％。

（4）生产能力为年产 11280t 94％ 的乙醇产品。

（5）操作条件

精馏塔的塔顶压力　　　　4kPa（表压）

进料状态　　　　　　　　自选

回流比　　　　　　　　　自选

加热蒸汽压力　　　　　　101.33kPa（表压）

单板压降　　　　　　　　不大于 0.70kPa（表压）

（6）设备型式为浮阀塔（F1 型）。

（7）厂址位于太原地区。

（8）设备工作日为 300 天/年，24h 连续运行。

（9）太原地区夏天水温为 16～18℃。

（10）太原当地大气压为 93.326kPa。

## 二、设计计算

### （一）设计方案的确定

本设计任务为分离乙醇和水的混合物。对于二元混合物的分离，应采用常压下的连续精馏装置。本设计采用泡点进料，将原料液通过预热器加热至泡点后送入精馏塔内。塔顶上升蒸汽采用全凝器冷凝，冷凝液在泡点下一部分回流至塔内，其余部分经产品冷却器冷却后送入储罐。该物系属不易分离物系，最小回流比较小，故操作回流比取最小回流比的 1.6 倍。塔釜采用直接蒸汽加热，塔底产品经冷却后送至储罐。

### （二）工艺计算

#### 1. $R_{min}$ 的确定

乙醇-水体系为非理想体系，其平衡曲线有下凹部分，当操作线与 $q$ 线的交点尚未落在平衡线上之前，操作线已与平衡线相切，如附图 3 中点 $g$ 所示。为此恒浓区出现在点 $g$ 附近。此时 $R_{min}$ 可由点 $(x_D, y_D)$ 向平衡线作切线的斜率求得。

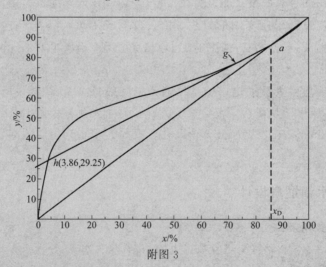

附图 3

由附图可见，该切线的斜率为

$$\frac{R_{min}}{R_{min}+1} = \frac{85.98-29.25}{85.98-3.86}$$

求得 $R_{min}=2.2337$。所以，$R=1.6R_{min}=3.547q_{n,V}$。

由于物料采用泡点进料，$q=1$，则有

$$q_{n,V'}=q_{n,V}=q_{n,V_0}=(R+1)q_{n,D}=4.547q_{n,D}$$

$$q_{n,L'}=q_{n,L}+q_{n,F}=Rq_{n,D}+q_{n,F}$$

**2. 物料衡算**

原料液及塔顶、塔底产品的摩尔分数如下。

乙醇的摩尔质量 $M_A=46kg/kmol$，水的摩尔质量 $M_B=18kg/kmol$，则

$$x_F=\frac{0.25/46}{0.25/46+0.75/18}=0.1154$$

$$x_D=\frac{0.94/46}{0.94/46+0.06/18}=0.8598$$

$$x_W=\frac{0.003/46}{0.003/46+0.997/18}=0.0012$$

$$q_{n,D}=\frac{11280\times10^3}{300\times24\times(0.8598\times46+0.1402\times18)}=42.1408\ (kmol/h)$$

总物料衡算 $\qquad\qquad q_{n,L'}+q_{n,V_0}=q_{n,V'}+q_{n,w}$

易挥发组分衡算 $\qquad q_{n,L'}x'_m+q_{n,V_0}y_0=q_{n,V'}y'_{m+1}+q_{n,w}x_W$

联立上两式解得

$$q_{n,V_0}=192.752kmol/h$$

$$q_{n,w}=469.4667kmol/h$$

$$q_{n,F}=318.8555kmol/h$$

**3. 塔板数的确定**

**(1) 精馏塔的气、液相负荷**

$$q_{n,L}=Rq_{n,D}=3.574\times42.1408=150.6112\ (kmol/h)$$

$$q_{n,L'}=q_{n,L}+q_{n,F}=150.6112+318.8555=469.4667\ (kmol/h)$$

$$q_{n,V}=(R+1)q_{n,D}=q_{n,V}=192.752kmol/h$$

**(2) 回收率**

乙醇的回收率为：

$$H=\frac{q_{n,D}x_D}{q_{n,F}x_F}\times100\%=98.47\%$$

水的回收率为：

$$H=\frac{q_{n,w}(1-x_W)-q_{n,V_0}}{q_{n,F}(1-x_F)}=\frac{469.4667\times(1-0.0012)-192.752}{318.8555\times(1-0.1154)}\times100\%=97.9\%$$

**(3) 操作线方程**

精馏段操作线方程为

$$y=\frac{q_{n,L}}{q_{n,V}}x+\frac{q_{n,D}}{q_{n,V}}x_D=0.7814x+0.188$$

提馏段操作线方程为

$$y' = \frac{q_{n,W}}{q_{n,V_0}}x' - \frac{q_{n,W}}{q_{n,V_0}}x_W = 2.4356x' - 0.0029$$

（4）图解法求理论板层数 采用直角阶梯法求理论板层数，如附图3所示。在塔底或恒沸点附近作图时需要将图局部放大。求解结果为：

总理论板层数           $N_T = 22$（不包括再沸器）

进料板位置            $N_F = 20$

精馏段的理论板层数     $N_精 = 19$

提馏段的理论板层数     $N_提 = 3$（包括进料板）

（5）实际板层数的初步求取 设 $E_T = 54\%$，则

精馏段实际板层数      $N_精 = 19/0.54 = 35.18 \approx 36$

提馏段实际板层数      $N_提 = 3/0.54 = 5.55 \approx 6$

总实际板层数          $N_P = N_精 + N_提 = 42$

（6）塔板总效率估算

① 操作压力计算

塔顶操作压力        $p_D = p_当地 + p_表 = 93.326 + 4 = 97.326$ （kPa）

每层塔板压降        $\Delta p = 0.7 \text{kPa}$

塔底操作压力        $p_W = p_D + 0.7 \times 41 = 126.026$ （kPa）

② 操作温度计算。依据操作压力，由泡点方程通过试差法计算出泡点温度，其中乙醇、水的饱和蒸气压由安托尼方程计算，计算过程略。计算结果如下：

塔顶温度           $t_D = 81.3℃$

塔底温度           $t_W = 106.36℃$

平均温度           $t_m = (t_D + t_W)/2 = 93.83℃$

③ 黏度的计算

在 $t_m = 93.83℃$ 时，查得 $\mu_{H_2O} = 0.294 \text{mPa} \cdot \text{s}$，$\mu_B = 0.38 \text{mPa} \cdot \text{s}$，则

$$\mu_L = \sum x_i \mu_{Li} = 0.1154 \times 38 + (1 - 0.1154) \times 0.294 = 0.3039 \text{（mPa} \cdot \text{s）}$$

④ 相对挥发度计算

塔顶相对挥发度     $\alpha_D = \dfrac{p_{B,D}}{p_{H_2O,D}} = \dfrac{115.186}{49.921} = 2.3074$

塔底相对挥发度     $\alpha_W = \dfrac{p_{B,W}}{p_{H_2O,W}} = \dfrac{283.109}{126.323} = 2.2412$

平均相对挥发度     $\alpha = \sqrt{\alpha_D \alpha_W} = \sqrt{2.3074 \times 2.2412} = 2.274$

⑤ 塔板总效率的估算。根据 $E_T' = 0.49(\alpha\mu_L)^{-0.245}$，求得 $E_T' = 0.5364$，且 $|E_T' - E_T| = 0.36\%$（$<1\%$），所以假设成立。

(7) 实际塔板层数的确定　取塔板总效率 $E_T=0.5364$，则

精馏段实际板层数　　　$N_精=19/0.5346=35.54\approx36$

提馏段实际板层数　　　$N_提=3/0.5346=5.61\approx6$

总实际板层数　　　　　$N_p=N_精+N_提=42$

**（三）精馏塔的工艺条件及有关物性数据的计算**

**1. 操作压力**

塔顶操作压力　　　$p_D=p_{当地}+p_表=700mmHg\times0.1333kPa+4kPa=97.326kPa$

每层塔板压降　　　$\Delta p=0.7kPa$

进料板压降　　　　$p_F=97.326+0.7\times36=122.526（kPa）$

精馏段平均压降　　$p_m=(97.326+122.526)/2=109.926（kPa）$

**2. 操作温度**

依据操作压力，由泡点方程通过试差法计算出泡点温度，其中乙醇-水的饱和蒸气压由安托尼方程计算，计算过程略。计算结果如下：

塔顶温度　　　　　$t_D=81.3℃$

进料板温度　　　　$t_F=101.7℃$

精馏段平均温度　　$t_m=(81.3+101.7)/2=91.5（℃）$

**3. 平均摩尔质量**

（1）塔顶混合物平均摩尔质量计算　由 $x_D=y_1=0.8598$，查平衡曲线（见附图3）得 $x_1=0.8325$。

$$M_{LDm}=0.8325\times46+0.1675\times18=43.31（kg/kmol）$$

$$M_{VDm}=0.8598\times46+0.1402\times18=42.0744（kg/kmol）$$

（2）进料板混合物平均摩尔质量计算　由图解理论板（见附图3）得

$$y_F=0.3681$$

查平衡曲线（见附图3）得

$$x_F=0.0642$$

$$M_{LFm}=0.0642\times46+0.9358\times18=19.7976（kg/kmol）$$

$$M_{VFm}=0.3681\times46+0.6319\times18=28.3068（kg/kmol）$$

精馏段混合物平均摩尔质量

$$M_{Lm}=(43.31+19.7976)/2=31.5538（kg/kmol）$$

$$M_{Vm}=(42.0744+28.3068)/2=35.1906（kg/kmol）$$

**4. 精馏段的平均密度**

（1）气相平均密度　由理想气体状态方程计算，即

$$\rho_{Vm}=\frac{p_mM_{Vm}}{RT_m}=\frac{109.926\times35.1906}{8.314\times(91.5+273.15)}=1.28（kg/m^3）$$

(2) 液相平均密度 液相平均密度依下式计算，即

$$\frac{1}{\rho_m} = \sum w_i / \rho_i$$

① 塔顶液相平均密度。由 $t_D = 81.3℃$，查手册得 $\rho_水 = 970.955 kg/m^3$，$\rho_{乙醇} = 737.2 kg/m^3$。

$$\rho_{LDm} = \frac{1}{0.94/737.2 + 0.06/970.955} = 748.005 （kg/m^3）$$

② 进料板液相平均密度。由 $t_F = 101.7℃$，查手册得 $\rho_水 = 957.142 kg/m^3$，$\rho_{乙醇} = 719.9 kg/m^3$。

进料板液相的质量分数

$$w_A = \frac{0.0642 \times 46}{0.0642 \times 46 + 0.9358 \times 18} = 0.1492$$

$$\rho_{LFm} = \frac{1}{0.1492/719.9 + 0.8508/957.142} = 912.286 （kg/m^3）$$

③ 精馏段液相平均密度

$$\rho_{Lm} = (748.005 + 912.286)/2 = 830.146 （kg/m^3）$$

**5. 液体平均表面张力计算**

(1) 塔顶液相平均表面张力的计算 当乙醇的质量分数为94%时，查图2-1得 $\sigma_{25℃} = 25.6 \times 10^{-3} N/m$，且乙醇的临界温度为243℃，水的临界温度为374.2℃，则混合液体的临界温度为：

$$T_{mCD} = \sum x_i T_{iC} = 0.8598 \times 243 + 0.1402 \times 374.2 = 261.394 （℃）$$

将混合液体的临界温度代入 $\frac{\sigma_{tD}}{\sigma_{25℃}} = \left(\frac{T_{mCD} - T_D}{T_{mCD} - T_{25℃}}\right)^{1.2} = \left(\frac{261.394 - 81.3}{261.394 - 25}\right)^{1.2}$

解得 $\qquad \sigma_{tD} = 18.615 \times 10^{-3} N/m$

(2) 进料板液相平均表面张力的计算 乙醇的质量分数为25%时，查附录4得 $\sigma_{25℃} = 33.6 \times 10^{-3} N/m$，且乙醇的临界温度为243℃，水的临界温度为374.2℃，则混合液体的临界温度为：

$$T_{mCF} = \sum x_i T_{iC} = 0.1154 \times 243 + 0.8846 \times 374.2 = 359.06 （℃）$$

将混合液体的临界温度代入 $\frac{\sigma_{tF}}{\sigma_{25℃}} = \left(\frac{T_{mCF} - T_F}{T_{mCF} - T_{25℃}}\right)^{1.2} = \left(\frac{359.06 - 101.7}{359.06 - 25}\right)^{1.2}$

解得 $\qquad \sigma_{tF} = 24.57 \times 10^{-3} N/m$

(3) 精馏段液相平均表面张力计算

$$\sigma_{Lm} = (18.615 + 24.57)/2 = 21.592 （\times 10^{-3} N/m）$$

**(四) 精馏塔的塔体工艺尺寸计算**

**1. 塔径的计算**

精馏段的气、液相体积流率为

$$q_{V,V} = \frac{q_{n,V} M_{Vm}}{3600 D_{Vm}} = \frac{192.752 \times 35.1906}{3600 \times 1.28} = 1.472 （m^3/s）$$

$$q_{V,L} = \frac{q_{n,L} M_{Lm}}{3600 \rho_{Lm}} = \frac{150.6112 \times 31.5538}{3600 \times 830.146} = 0.00159 \ (\text{m}^3/\text{s})$$

由 $u_{max} = C \sqrt{\dfrac{\rho_L - \rho_V}{\rho_V}}$ [式中 $C$ 由式(3-40)] 计算，其中的 $C_{20}$ 由图 3-3 查取，图的横坐标为

$$\frac{q'_{V,L}}{q'_{V,V}} \times \left(\frac{\rho_L}{\rho_V}\right)^{1/2} = \frac{0.00159 \times 3600}{1.472 \times 3600} \times \left(\frac{830.146}{1.28}\right)^{1/2} = 0.0275$$

取板间距 $H_T = 0.45\text{m}$，板上液层高度 $h_L = 0.05\text{m}$，则

$$H_T - h_L = 0.45 - 0.05 = 0.4 \ (\text{m})$$

查图 3-3 得 $C_{20} = 0.0825$，则

$$C = C_{20} \left(\frac{\sigma_L}{0.02}\right)^{0.2} = 0.0825 \times \left(\frac{21.592 \times 10^{-3}}{0.02}\right)^{0.2} = 0.0838$$

$$u_{max} = C \sqrt{\frac{\rho_L - \rho_V}{\rho_V}} = 0.0838 \times \sqrt{\frac{830.146 - 1.28}{1.28}} = 2.132 \ (\text{m/s})$$

取安全系数为 0.6，则空塔气速为

$$u = 0.6 u_{max} = 0.6 \times 2.132 = 1.279 \ (\text{m/s})$$

$$D = \sqrt{\frac{4 q_{V,V}}{\pi u}} = \sqrt{\frac{4 \times 1.472}{\pi \times 1.279}} = 1.21 \ (\text{m})$$

按标准塔径圆整后为 $D = 1.2\text{m}$

塔截面积为 
$$A_T = \frac{\pi}{4} D^2 = \frac{\pi}{4} \times 1.2^2 = 1.13 \ (\text{m}^2)$$

实际空塔气速为 
$$u = \frac{q_{V,V}}{A_T} = \frac{1.472}{1.13} = 1.303 \ (\text{m/s})$$

2. 精馏塔有效高度的计算

精馏段有效高度为
$$Z_{精} = (N_{精} - 4) H_T = (36 - 4) \times 0.45 = 14.4 \ (\text{m})$$

精馏段有效高度为
$$Z_{提} = (N_{提} - 2) H_T = (6 - 2) \times 0.45 = 1.8 \ (\text{m})$$

在进料板上方开 1 个人孔，在精馏段设 3 个人孔，其高度均为 0.8m。故精馏塔的有效高度为

$$Z = Z_{精} + Z_{提} + 0.8 \times 4 = 14.4 + 1.8 + 0.8 \times 4 = 19.4 \ (\text{m})$$

（五）塔板主要工艺尺寸的计算

1. 溢流装置计算

因塔径 $D = 1.2\text{m}$，可选用单溢流弓形降液管，采用凹型受液盘。各项计算如下。

（1）堰长 $l_w$　取 $l_w = 0.66D = 0.66 \times 1.2 = 0.792 \ (\text{m})$。

(2) 溢流堰高度 $h_w$  由 $h_w = h_L - h_{0w}$。选用平直堰，堰上液层高度 $h_{0w}$ 依下式计算，即

$$h_{0w} = \frac{2.84}{1000} E \left( \frac{q'_{V,L}}{l_w} \right)^{2/3}$$

近似取 $E = 1$，则

$$h_{0w} = \frac{2.84}{1000} E \left( \frac{q'_{V,L}}{l_w} \right)^{2/3} = \frac{2.84}{1000} \times 1 \times \left( \frac{0.00159 \times 3600}{0.792} \right)^{2/3} = 0.0106 \, (m)$$

取板上液层高度 $h_L = 0.05m$，故

$$h_w = h_L - h_{0w} = 0.05 - 0.0106 = 0.0394 \, (m)$$

(3) 弓形降液管宽度 $W_d$ 和截面积 $A_f$  由 $\frac{l_w}{D} = 0.66$ 查图 3-5，得

$$\frac{A_f}{A_T} = 0.0722, \quad \frac{W_d}{D} = 0.124$$

故

$$A_f = 0.0722 A_T = 0.0722 \times 1.13 = 0.0816 \, (m^2)$$

$$W_d = 0.124 D = 0.124 \times 1.2 = 0.1488 \, (m)$$

依式(3-41)验算液体在降液管中停留时间，即

$$\theta = \frac{3600 A_f H_T}{q'_{V,L}} = \frac{3600 \times 0.0816 \times 0.45}{0.00159 \times 3600} = 23.09 \, (s) [> 5 \, (s)]$$

故降液管设计合理。

(4) 降液管底隙高度 $h_0$

$$h_0 = \frac{q'_{V,L}}{3600 l_w u'_0}$$

取 $u'_0 = 0.08m/s$，则

$$h_0 = \frac{q'_{V,L}}{3600 l_w u'_0} = \frac{3600 \times 0.00159}{3600 \times 0.792 \times 0.08} = 0.025 \, (m)$$

$$h_w - h_0 = 0.0394 - 0.025 = 0.0144 \, (m) [> 0.006 \, (m)]$$

故降液管底隙高度设计合理。

2. 塔板布置及浮阀数目与排列

取阀孔动能因数 $F_0 = 11$，用式(3-47)求孔速 $u_0$，即

$$u_0 = \frac{F_0}{\sqrt{\rho_V}} = \frac{11}{\sqrt{1.28}} = 9.72 \, (m/s)$$

依式(3-48)求每层塔板上的浮阀数，即

$$N = \frac{q_{V,V}}{\frac{\pi}{4} d_0^2 u_0} = \frac{1.472}{\frac{\pi}{4} \times 0.039^2 \times 9.72} = 127$$

取边缘区宽度 $W_c = 0.06m$，破沫区宽度 $W_s = 0.07m$。

依式(3-45)计算塔板上的鼓泡区面积，即

$$A_a = 2 \left[ x \sqrt{R^2 - x^2} + \frac{\pi}{180°} R^2 \sin^{-1} \left( \frac{x}{R} \right) \right]$$

$$R=\frac{D}{2}-W_c=\frac{1.2}{2}-0.06=0.54\text{（m）}$$

$$x=\frac{D}{2}-(W_d+W_s)=\frac{1.2}{2}-(0.1488+0.07)=0.3812\text{（m）}$$

$$A_a=2\left[0.3812\times\sqrt{0.54^2-0.3812^2}+\frac{\pi}{180°}\times0.54^2\sin^{-1}\left(\frac{0.3812}{0.54}\right)\right]=0.74\text{（m}^2\text{）}$$

浮阀排列方式采用等腰三角形叉排。取同一横排的孔心距 $t=75\text{mm}=0.075\text{m}$，则可按下式估算排间距 $t'$，即

$$t'=\frac{A_a}{Nt}=\frac{0.74}{127\times0.075}=0.0777\text{（m）}=77.7\text{（mm）}$$

考虑到塔径的直径较大，必须采用分块式塔板，而各分块的支承与衔接也要占去一部分鼓泡区面积，因此排间距不宜采用 78mm，而应小于此值，故取 $t'=65\text{mm}=0.065\text{m}$。

按 $t=75\text{mm}$，$t'=65\text{mm}$ 以等腰三角形叉排方式作图（略），阀数 130 个。

按 $N=130$ 重新核算孔速及阀孔动能因数：

$$u_0=\frac{q_{V,V}}{\frac{\pi}{4}d_0^2N}=\frac{1.472}{\frac{\pi}{4}\times0.039^2\times130}=9.48\text{（m/s）}$$

$$F_0=u_0\sqrt{\rho_V}=9.48\times\sqrt{1.28}=10.73$$

阀孔动能因数变化不大，仍在 9～12 范围内。

$$塔板开孔率=\frac{u}{u_0}=\frac{1.303}{9.48}\times100\%=13.74\%$$

（六）塔板流体力学验算

1. 气相通过浮阀塔板的压降

可根据式(3-49)计算塔板压降，即 $h_p=h_c+h_1+h_\sigma$

（1）干板阻力　由式(3-52)计算，即

$$u_{0c}=\left(\frac{73.1}{\rho_V}\right)^{1/1.825}=\left(\frac{73.1}{1.28}\right)^{1/1.825}=9.17\text{（m/s）}$$

因 $u_0>u_{0c}$，则 $h_c$ 按式(3-51)计算

$$h_c=5.34\frac{u_0^2}{2g}\times\frac{\rho_V}{\rho_L}=5.34\times\frac{9.48^2}{2\times9.81}\times\frac{1.28}{830.146}=0.0377\text{（m）}$$

（2）板上充气液层阻力 $h_1$　本设备分离乙醇和水的混合液，即液相为水，可取充气系数 $\varepsilon_0=0.5$。依式(3-53)计算，即

$$h_1=\varepsilon_0h_L=0.5\times0.05=0.025\text{（m）}$$

（3）克服表面张力所造成的阻力 $h_0$　因本设计采用浮阀塔，其 $h_0$ 很小，可忽略不计。因此，气体流经一层浮阀塔板的压降所相当的液柱高度为

$$h_p=h_c+h_1=0.0377+0.025=0.0627\text{（m）}$$

单板压降　$\Delta p_p=h_p\rho_Lg=0.0627\times830.146\times9.81=510\text{（Pa）}$

**2. 淹塔**

为了防止淹塔现象的发生，要求控制降液管中清液层高度 $H_d \leqslant \phi(H_T + h_w)$。$H_d$ 可用下式计算，即

$$H_d = h_p + h_L + h_d$$

（1）与气体通过塔板的压降相当的液柱高度 $h_p = 0.0627 \text{m}$。

（2）液体通过降液管的压头损失 $h_d$　因不设进口堰，故按式(3-62)计算，即

$$h_d = 0.153 \left( \frac{q_{V,L}}{l_w h_0} \right)^2 = 0.153 \times \left( \frac{0.00159}{0.792 \times 0.025} \right)^2 = 0.000987 \text{ (m)}$$

（3）板上液层高度 $h_l$　取 $h_L = 0.05 \text{m}$，则

$$H_d = h_p + h_L + h_d = 0.0627 + 0.05 + 0.000987 = 0.114 \text{ (m)}$$

取 $\phi = 0.5$，$H_T = 0.45 \text{m}$，$h_w = 0.0394 \text{m}$，则

$$\phi(H_T + h_w) = 0.5 \times (0.45 + 0.0394) = 0.245 \text{ (m)}$$

可见 $H_d < \phi(H_T + h_w)$，符合防止淹塔的要求。

**3. 雾沫夹带**

按式(3-58)及式(3-59)计算泛点率 $F_1$，即

$$F_1 = \frac{q_{V,V} \sqrt{\dfrac{\rho_V}{\rho_L - \rho_V}} + 1.36 q_{V,L} Z_L}{K C_F A_b} \times 100\%$$

或

$$F_1 = \frac{q_{V,V} \sqrt{\dfrac{\rho_V}{\rho_L - \rho_V}}}{0.78 K C_F A_T} \times 100\%$$

板上液体流径长度　$Z_L = D - 2W_d = 1.2 - 2 \times 0.1488 = 0.9024 \text{ (m)}$

板上液流面积　$A_b = A_T - 2A_f = 1.13 - 2 \times 0.0816 = 0.9668 \text{ (m}^2\text{)}$

水和乙醇可按正常系统按表 3-3 取物性系数 $K = 1.0$，又由图 3-10 查得泛点负荷系数 $C_F = 0.117$，将以上数值代入式(3-58)，得

$$F_1 = \frac{q_{V,V} \sqrt{\dfrac{\rho_V}{\rho_L - \rho_V}} + 1.36 q_{V,L} Z_L}{K C_F A_b} \times 100\%$$

$$= \frac{1.472 \times \sqrt{\dfrac{1.28}{830.146 - 1.28}} + 1.36 \times 0.00159 \times 0.9024}{1.0 \times 0.117 \times 0.9668} \times 100\% = 52.9\%$$

又按式(3-59)计算泛点率，得

$$F_1 = \frac{q_{V,V} \sqrt{\dfrac{\rho_V}{\rho_L - \rho_V}}}{0.78 K C_F A_T} \times 100\% = \frac{1.472 \times \sqrt{\dfrac{1.28}{830.146 - 1.28}}}{0.78 \times 1.0 \times 0.117 \times 1.13} \times 100\% = 56.1\%$$

计算出的泛点率都在 80% 以下，故可知雾沫夹带量能够满足 $e_V < 0.1$ kg 液/kg 汽的要求。

**（七）塔板负荷性能图**

**1. 雾沫夹带线**

按式（3-58）作出，即

$$F_1 = \frac{q_{V,V}\sqrt{\dfrac{\rho_V}{\rho_L - \rho_V}} + 1.36 q_{V,L} Z_L}{K C_F A_b}$$

对于一定的物系及一定的塔板结构，式中 $\rho_V$、$\rho_L$、$A_b$、$K$、$C_F$ 及 $Z_L$ 均为已知值，相应于 $e_V = 0.1$ 的泛点率上限值亦可确定，将各已知数代入上式，便得出 $q_{V,V} - q_{V,L}$，可作出负荷性能图中的雾沫夹带线。

按泛点率 = 80% 计算如下

$$\frac{q_{V,V}\sqrt{\dfrac{1.28}{830.146 - 1.28}} + 1.36 \times q_{V,L} \times 0.9024}{1.0 \times 0.117 \times 0.9668} = 0.8$$

整理得 $\qquad\qquad 0.0393 q_{V,V} + 1.227 q_{V,L} = 0.0905 \qquad\qquad\qquad (6)$

或 $\qquad\qquad\qquad q_{V,V} = 2.303 - 31.22 q_{V,L}$

雾沫夹带线为直线，则在操作范围内任取两个 $q_{V,L}$ 值，依式（6）算出相应的 $q_{V,V}$ 值列于附表 4 中。

**附表 4　雾沫夹带线数据**

| $q_{V,L}/(\text{m}^3/\text{s})$ | 0.0008 | 0.0012 |
|---|---|---|
| $q_{V,V}/(\text{m}^3/\text{s})$ | 2.28 | 2.26 |

**2. 液泛线**

由 $\phi(H_T + h_w) = h_p + h_L + h_d = h_c + h_l + h_\sigma + h_L + h_d$ 确定液泛线。忽略式中 $h_\sigma$ 项，将式（3-62）、式（3-42）、式（3-50）、式（3-51）及 $h_L = h_w + h_{0w}$ 代入上式，得到

$$\phi(H_T + h_w) = 5.34 \frac{\rho_V u_0^2}{\rho_L 2g} + 0.153 \left(\frac{q_{V,L}}{l_w h_0}\right)^2 + (1 + \varepsilon_0)\left[h_w + \frac{2.84}{1000} E \left(\frac{3600 q_{V,L}}{l_w}\right)^{2/3}\right]$$

因物系一定，塔板结构尺寸一定，则 $H_T$、$h_w$、$h_0$、$l_w$、$\rho_V$、$\rho_L$、$\varepsilon_0$ 及 $\phi$ 等均为定值，而 $u_0$ 与 $q_{V,V}$ 又有如下关系，即

$$u_0 = \frac{q_{V,V}}{\dfrac{\pi}{4} d_0^2 N}$$

式中阀孔数 $N$ 与孔径 $d_0$ 亦为定值。因此，可将上式简化得

$$q_{V,V}^2 = 10.667 - 22429.1 q_{V,L}^2 - 67.184 q_{V,L}^{2/3} \qquad\qquad (7)$$

**附表 5　液泛线数据**

| $q_{V,L}/(\text{m}^3/\text{s})$ | 0.0006 | 0.0009 | 0.0018 | 0.0024 |
|---|---|---|---|---|
| $q_{V,V}/(\text{m}^3/\text{s})$ | 3.19 | 3.16 | 3.01 | 3.06 |

在操作范围内任取若干个 $q_{V,L}$ 值，依式（7）算出相应的 $q_{V,V}$ 值列于附表 5 中。

**3. 液相负荷上限线**

液体的最大流量应保证在降液管中停留时间不低于 3～5s。依式（3-41）知：

液体在降液管内停留时间 $\quad \theta = \dfrac{3600 A_f H_T}{q_{V,L}} = 3\sim5\,s$

求出上限液体流量 $q_{V,L}$ 值（常数），在 $q_{V,V}$-$q_{V,L}$ 图上，液相负荷上限线为与气体流量 $q_{V,V}$ 无关的竖直线。

以 $\theta = 5\,s$ 作为液体在降液管中停留时间的下限，则

$$(q_{V,L})_{max} = \frac{A_f H_T}{5} = \frac{0.0816 \times 0.45}{5} = 0.00734 \ (m^3/s) \tag{8}$$

4. 漏液线

对于 F1 型重阀，依 $F_0 = u_0 \sqrt{\rho_V} = 5$ 计算，则 $u_0 = \dfrac{5}{\sqrt{\rho_V}}$。又知 $q_{V,V} = \dfrac{\pi}{4}d_0^2 N u_0$，即

$$q_{V,V} = \frac{\pi}{4}d_0^2 N \frac{5}{\sqrt{\rho_V}}$$

式中 $d_0$、$N$、$\rho_V$ 均为已知数，故可由此式求出气相负荷 $q_{V,V}$ 的下限值，据此作出与液相流量无关的水平漏液线。

以 $F_0 = 5$ 作为规定气体最小负荷的标准，则

$$(q_{V,V})_{min} = \frac{\pi}{4}d_0^2 N u_0 = \frac{\pi}{4}d_0^2 N \frac{F_0}{\sqrt{\rho_V}} = \frac{\pi}{4} \times 0.039^2 \times 130 \times \frac{5}{\sqrt{1.28}} = 0.686 \ (m^3/s) \tag{9}$$

5. 液相负荷下限线

取堰上液层高度 $h_{0w} = 0.006\,m$ 作为液相负荷下限条件，依下列 $h_{0w}$ 的计算式

$$h_{0w} = \frac{2.84}{1000}E\left[\frac{3600(q_{V,L})_{min}}{l_w}\right]^{2/3}$$

计算出 $q_{V,L}$ 的下限值，依此作出液相负荷下限线，该线为与气相流量无关的竖直直线。

$$\frac{2.84}{1000}E\left[\frac{3600(q_{V,L})_{min}}{l_w}\right]^{2/3} = 0.006$$

取 $E = 1$，则

$$(q_{V,L})_{min} = \left(\frac{0.006 \times 1000}{2.84 \times 1}\right)^{3/2}\frac{l_w}{3600} = \left(\frac{0.006 \times 1000}{2.84 \times 1}\right)^{3/2} \times \frac{0.792}{3600} = 0.000676 \ (m^3/s) \tag{10}$$

根据本题附表4、附表5及式(8)～式(10)可分别作出塔板负荷性能图上的①～⑤共5条线，见附图4。

由塔板负荷性能图可以看出：

① 在任务规定的气液负荷下的操作点 A（设计点），处在适宜操作区域内的适中位置。

② 塔板的气相负荷上限完全由雾沫夹带控制。

③ 按照固定的液气比，由附图4查出塔板的气相负荷上限 $(q_{V,V})_{max} = 2.222\,m^3/s$，气相负荷下限 $(q_{V,V})_{min} = 0.686\,m^3/s$，所以：

$$操作弹性 = \frac{2.222}{0.686} = 3.24$$

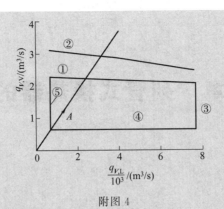

附图 4

将计算结果汇总列于附表 6 中。

**附表 6 浮阀塔板工艺设计结果**

| 项 目 | 数值及说明 | 备 注 |
|---|---|---|
| 塔径 $D/m$ | 1.2 | |
| 板间距 $H_T/m$ | 0.45 | |
| 塔板型式 | 单溢流弓形降液管 | 分块式塔板 |
| 空塔气速 $u/(m/s)$ | 1.279 | |
| 堰长 $l_w/m$ | 0.792 | |
| 堰高 $h_w/m$ | 0.0394 | |
| 板上液层高度 $h_L/m$ | 0.05 | |
| 降液管底隙高度 $h_0/m$ | 0.025 | |
| 浮阀数 $N/$个 | 130 | 等腰三角形叉排 |
| 阀孔气速 $u_0/(m/s)$ | 9.48 | |
| 阀孔动能因数 $F_0$ | 10.73 | |
| 临界阀孔气速 $u_{0c}/(m/s)$ | 9.17 | |
| 孔心距 $t/m$ | 0.075 | 指同一横排的孔心距 |
| 排间距 $t'/m$ | 0.065 | 指相邻两横排的中心线距离 |
| 单板压降 $\Delta p_p/Pa$ | 700 | |
| 液体在降液管内停留时间 $\theta/s$ | 23.09 | |
| 降液管内清液层高度 $H_d/m$ | 0.114 | |
| 泛点率/% | 52.9 | |
| 气相负荷上限 $(q_{V,V})_{max}$ | 2.222 | 雾沫夹带控制 |
| 气相负荷下限 $(q_{V,V})_{min}$ | 0.686 | 漏液控制 |
| 操作弹性 | 3.24 | |

# 第4章　列管式换热器的设计

## 4.1　概述

换热器是化工、石油、食品及其他许多工业部门的通用设备，在生产中占有重要地位。由于生产规模、物料的性质、传热的要求等各不相同，故换热器的类型也是多种多样。

按用途它可分为加热器、冷却器、冷凝器、蒸发器和再沸器等。根据冷、热流体热量交换的原理和方式可分为三大类：混合式、蓄热式、间壁式。

间壁式换热器的特点是冷、热两流体被固体壁面隔开，不相混合，通过间壁进行热量的交换。此类换热器中，以列管式应用最广，本节将作重点介绍。

### 4.1.1　换热器的类型

列管式换热器又称为管壳式换热器，是最典型的间壁式换热器，历史悠久，占据主导作用。主要由壳体、管束、管板、折流挡板和封头等组成。一种流体在管内流动，其行程称为管程；另一种流体在管外流动，其行程称为壳程。管束的壁面即为传热面。

其主要优点是单位体积所具有的传热面积大，传热效果好，结构坚固，可选用的结构材料范围宽广，操作弹性大，因此在高温、高压和大型装置上多采用列管式换热器。为提高壳程流体流速，往往在壳体内安装一定数目与管束相互垂直的折流挡板。折流挡板不仅可防止流体短路、增加流体流速，还迫使流体按规定路径多次错流通过管束，使湍动程度大为增加。

列管式换热器中，由于两流体的温度不同，使管束和壳体的温度也不相同，因此它们的热膨胀程度也有差别。若两流体的温度差较大（50℃以上）时，就可能由于热应力而引起设备的变形，甚至弯曲或破裂，因此必须考虑这种热膨胀的影响。根据热补偿方法的不同，列管式换热器有下面几种型式。

#### 4.1.1.1　固定管板式

固定管板式结构如图4-1所示。

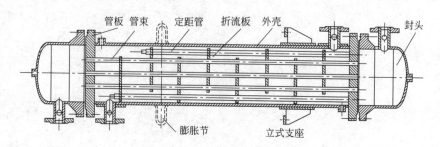

图 4-1　固定管板式换热器

固定管板式换热器主要由外壳、管板、管束、封头、折流板等部件组成。管子两端与管板的连接方式可用焊接法或胀接法固定，壳体则同管板焊接，从而管束、管板与壳体成为一个不可拆的整体。

特点：结构简单，成本低，壳程检修和清洗困难，壳程必须是清洁、不易产生垢层和腐蚀的介质。

操作时，管壁温度是由管程与壳程流体共同控制的，而壳壁温度只与壳程流体有关，与管程流体无关。管壁与壳壁温度不同，二者线膨胀不同，又因整体是固定结构，必产生热应力。热应力大时可能使管子压弯或把管子从管板处拉脱。所以当热、冷流体间温差超过 50℃ 时应有减小热应力的措施，称"热补偿"。

壳体与传热管壁温度之差大于 50℃ 时，也需加补偿圈膨胀节，当壳体和管束之间有温差时，依靠补偿圈的弹性变形来适应它们之间的不同的热膨胀。

固定管板式列管换热器常用"膨胀节"结构进行热补偿，也称加补偿圈。图 4-1 所示的为具有膨胀节的固定管板式换热器，即在壳体上焊接一个横断面带圆弧形的钢环。该膨胀节在受到换热器轴向应力时会发生形变，使壳体伸缩，从而减小热应力。但这种补偿方式仍不适用于热、冷流体温差较大（大于 70℃）的场合，且因膨胀节是承压薄弱处，壳程流体压力不宜超过 6atm。为更好的解决热应力问题，在固定管板式的基础上，又发展了浮头式和 U 形管式列管换热器。

### 4.1.1.2 浮头式

浮头式换热器结构如图 4-2 所示。

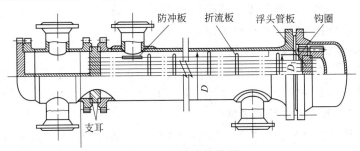

图 4-2 浮头式换热器

浮头式换热器两端的管板，一端不与壳体相连，可自由沿管长方向浮动，该端称为浮头。当壳体与管束因温度不同而引起热膨胀时，管束连同浮头可在壳体内沿轴向自由伸缩，可完全消除热应力；而且由于固定端的管板用法兰与壳体连接，整个管束可以从壳体中抽出，便于清洗和检修。

特点：结构较为复杂，成本高，消除了温差应力，是应用较多的一种结构型式。

### 4.1.1.3 U 形管式

U 形管式换热器结构如图 4-3 所示。

U 形管式换热器每根管子都弯成 U 形，管子的进出口均安装在同一管板上。封头内用隔板分成两室，管程至少为两程。管子可以自由伸缩，与壳体无关。

特点：结构简单，适用于高温和高压场合，但管内清洗不易，制造困难。

## 4.1.2 设计主要内容

（1）各种换热器的性能和特点，以便根据工业要求选用适当的类型。

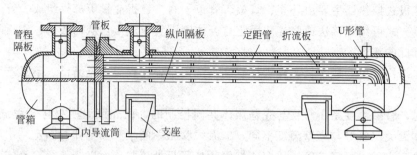

图 4-3 U形管式换热器

（2）换热器基本尺寸的确定、传热面积计算以及流体阻力的核算等，以便于在已有系列化标准的换热器中，选定合适的规格。

设计必须做到经济上合理，技术上可行，也即最优设计。近年来，这方面设计已由计算机按规定的最优化程序进行自动选优。

## 4.2 换热器的工艺设计

### 4.2.1 设计方案的确定

确定设计方案的原则：满足工艺和操作上的要求，确保安全生产，做到经济、技术上的合理，即尽可能节省设备费和操作费用。

#### 4.2.1.1 换热器型式的选择

换热器的种类繁多，选择时应根据操作温度，操作压力，换热器的热负荷，管程与壳程的温度差，换热器的腐蚀性及其他特性，检修与清洗的要求等因素，进行综合考虑。

#### 4.2.1.2 流体流经管程或壳程的选择

选择原则：传热效果好、结构简单、清洗方便。一般应考虑如下几方面：

（1）不洁净或易结垢的液体宜走便于清洗的一侧；

（2）腐蚀性流体宜在管程，以免管束和壳体同时受到腐蚀；

（3）压力高的流体宜在管内，以免壳体承受压力，可节省壳体金属消耗量；

（4）饱和蒸汽宜走壳程，以便及时排除冷凝液，且蒸汽较洁净，以免污染壳程；

（5）被冷却的流体宜走壳程，便于散热，增强冷却效果；

（6）有毒流体宜走管程，以减少向环境泄露的机会；

（7）黏度大的液体或流量小的流体宜走壳程；

（8）若两流体的温度差较大，传热膜系数 $\alpha$ 较大的流体宜走壳程，因为壁温接近传热膜系数较大的流体温度，以减小管壁和壳壁的温度差。

总之，流体流动通道的选择原则应根据传热效果好，清洗方便等具体情况具体分析，抓住其主要矛盾。

#### 4.2.1.3 流体流速的选择

流体在管程或壳程中的流速，不仅直接影响表面传热系数，而且影响污垢热阻，从而影响传热系数的大小，特别对于含有泥沙等较易沉积颗粒的流体，流速过低甚至可能导致管路堵塞，严重影响到设备的使用，但流速增大，又将使流体阻力增大。

增加流体的流速，将增大对流传热系数，减小污垢在壁面上的沉积，即降低污垢热阻，使总传热系数增加，从而可减小换热器的传热面积。但流速增加，流动阻力增大，动力消耗增加。因此适宜的流速既要考虑经济权衡又要兼顾结构上的要求，充分利用工艺上允许的压降来选择较高的流速是换热器设计的一条重要原则。根据经验，表 4-1 和表 4-2 列出一些工业上常用的流速范围，以供参考。

表 4-1　列管式换热器常用流速范围

| 流体种类 | 流速/(m/s) | |
|---|---|---|
| | 管　程 | 壳　程 |
| 一般液体 | 0.5～3 | 0.2～1.5 |
| 易结垢液体 | >1 | >0.5 |
| 气体 | 5～30 | 3～15 |

表 4-2　不同黏度液体在列管式换热器中的流速（在钢管中）

| 液体黏度/mPa·s | >1500 | 1000～500 | 500～100 | 100～35 | 35～1 | <1 |
|---|---|---|---|---|---|---|
| 最大流速/(m/s) | 0.6 | 0.75 | 1.1 | 1.5 | 1.8 | 2.4 |

#### 4.2.1.4　流动方式的选择

流向有逆流、并流、错流和折流四种基本类型。在流体的进、出口温度相同的情况下，逆流的平均温度差大于其他流向的平均温度差，所以，若无其他工艺要求，一般采用逆流操作。但在列管式换热器设计中，为了增加传热系数或使换热器结构合理，冷、热流体还可以作各种多管程多壳程的复杂流动。当流量一定时，管程或壳程越多，对流传热系数越大，对传热过程越有利。但是，采用多管程或多壳程必导致流体阻力损失，即输送流体的动力费用增加。因此，在决定换热器的程数时，需权衡传热和流体输送两方面的损失。当采用多管程或多壳程时，列管式换热器内的流动形式复杂，对数平均值的温差要加以修正。

#### 4.2.1.5　流体两端温度的确定

换热器冷热流体两端的温度由工艺条件规定，加热剂或冷却剂的进口温度一般由来源确定，但其出口温度是由设计者确定的。该温度直接影响加热剂或冷却剂的消耗和换热器的大小，因此，流体出口温度的确定是一个经济上的权衡问题。

若用水作冷却剂，设计时，冷却水两端温差可取 5～10℃。

#### 4.2.1.6　加热剂、冷却剂的选择

加热剂或冷却剂的选用根据实际情况而定。除满足加热和冷却温度外，还应考虑来源充分，价格便宜，毒性小，不易燃易爆，对设备腐蚀性小。

常用的加热剂有饱和水蒸气和烟道气；常用的冷却剂为水和空气。

### 4.2.2　换热器的工艺设计步骤

#### 4.2.2.1　估算传热面积，初选换热器型号

(1) 确定两流体在换热器中的流动通道；

(2) 根据传热任务，计算热负荷（传热量）；

(3) 确定流体在换热器两端的温度，计算定性温度，并查定或计算流体的物性；

(4) 根据两流体的温度差，确定换热器类型；

（5）计算平均温度差，先按单壳程多管程计算，如果温差校正系数 $\varphi_{\Delta t} < 0.8$，应增加壳程数；

（6）依据总传热系数的经验范围或生产实际情况，选取总传热系数；

（7）由 $Q = K S \Delta t_m$ 估算传热面积，并确定换热器的基本尺寸或按系列标准选择设备规格。

#### 4.2.2.2　计算管程、壳程阻力

根据初选的设备规格，计算管程、壳程的流速和阻力。检查结果是否合理和满足工艺要求。若不符合要求，再调整管程数和折流板间距，或选择另一型号的换热器，重新计算管、壳程阻力，直至满足要求为止。

#### 4.2.2.3　核算总传热系数和传热面积

计算管程、壳程的对流传热系数，确定管壁两侧的污垢热阻，计算总传热系数和传热面积。选用的换热器的实际传热面积应比计算所需的传热面积大约 $10\% \sim 25\%$，否则需重设 $K$ 值，重新进行核算，直至符合要求为止。

### 4.2.3　换热器的工艺设计计算

（1）换热器热负荷的计算　换热器的设计计算中，首先要确定换热器的热负荷。假设换热器绝热良好，热损失可以忽略时，则在单位时间内换热器中热流体放出的热量等于冷流体吸收的热量。

若换热器中两流体无相变化，且流体的比热容不随温度而变或可取平均温度下的比热容时，可表示为：

$$Q = q_{m,h} c_{p,h} (T_1 - T_2) = q_{m,c} c_{p,c} (t_2 - t_1) \tag{4-1}$$

式中　　$Q$——换热器的热负荷，W；

$q_{m,c}$、$q_{m,h}$——分别为冷、热流体的质量流量，kg/s；

$c_{p,c}$、$c_{p,h}$——分别为冷、热流体的平均比热容，J/(kg·℃)；

$t_1$、$t_2$——冷流体的进、出口温度，℃；

$T_1$、$T_2$——热流体的进、出口温度，℃。

若换热器中的热流体有相变化，例如饱和蒸汽冷凝时，可表示为：

$$Q = q_{m,h} r = q_{m,c} c_{p,c} (t_2 - t_1) \tag{4-2}$$

式中　$q_{m,h}$——饱和蒸汽（即热流体）的质量流量，kg/s；

$r$——饱和蒸汽的汽化热，J/kg。

式（4-2）的应用条件是冷凝液在饱和温度下离开换热器。若冷凝液的温度低于饱和温度时，则式（4-2）变为：

$$Q = q_{m,h} [r + c_{p,h} (T_s - T_2)] = q_{m,c} c_{p,c} (t_2 - t_1) \tag{4-3}$$

式中　$T_s$——冷凝液的饱和温度，℃。

（2）加热剂或冷却剂用量的计算　无相变时：

$$q_{m,h} c_{p,h} (T_1 - T_2) = q_{m,c} c_{p,c} (t_2 - t_1)$$

则加热剂或冷却剂用量如下式计算：

$$q_{m,h} = \frac{q_{m,c} c_{p,c} (t_2 - t_1)}{c_{p,h} (T_1 - T_2)} \tag{4-4}$$

$$q_{m,c} = \frac{q_{m,h}c_{p,h}(T_1 - T_2)}{(t_2 - t_1)c_{p,c}} \tag{4-5}$$

有相变时 
$$q_{m,h}r = q_{m,c}c_{p,c}(t_2 - t_1)$$

则加热剂用量如下式计算：

$$q_{m,h} = \frac{q_{m,c}c_{p,c}(t_2 - t_1)}{r} \tag{4-6}$$

（3）传热平均温度差的计算　　无相变时和一侧有相变时的平均温度差的计算式如下：

$$\Delta t_m = \frac{\Delta t_1 - \Delta t_2}{\ln \dfrac{\Delta t_1}{\Delta t_2}} \tag{4-7}$$

当 $\Delta t_1 / \Delta t_2 \leqslant 2$ 时，可用算术平均值代替对数平均值，即：

$$\Delta t_m = \frac{\Delta t_1 + \Delta t_2}{2} \tag{4-8}$$

设计时初算平均温度差，先按逆流进行计算，待确定了换热器结构之后，再进行校正。错流或折流平均温度差的计算用下式：

$$\Delta t_m = \varphi_{\Delta t} \Delta t_m' \tag{4-9}$$

式中　$\Delta t_m'$——按逆流计算的对数平均温度差，℃；

$\varphi_{\Delta t}$——温度差校正系数，量纲为 1。

$\varphi_{\Delta t}$ 的求法为：

$$\varphi_{\Delta t} = f(P, R)$$

$$P = \frac{t_2 - t_1}{T_1 - t_1} = \frac{\text{冷流体的温升}}{\text{两流体的最初温度差}}$$

$$R = \frac{T_1 - T_2}{t_2 - t_1} = \frac{\text{热流体的温降}}{\text{冷流体的温升}}$$

根据 $P$ 和 $R$ 值，由图 4-4 查出各种情况的温度差校正系数 $\varphi_{\Delta t}$ 值。

（4）传热系数的选取　　根据冷、热流体的具体情况，选取一合适的传热系数 $K$ 值作为计算的依据。列管式换热器总传热系数 $K$ 的范围，参见附录 8。

（5）初算传热面积　　根据计算的热负荷 $Q$、初算的平均温度差 $\Delta t_m$ 和选取的传热系数 $K$ 值，可初步确定换热器的传热面积，用下式计算：

$$S = \frac{Q}{K \Delta t_m} \tag{4-10}$$

# 4.3　换热器结构设计

## 4.3.1　换热管

### 4.3.1.1　换热管规格的选择

换热器中最常用的管子的规格有 $\phi 19\text{mm} \times 2\text{mm}$ 和 $\phi 25\text{mm} \times 2.5\text{mm}$ 两种。小直径的

管子可承受更大的压力，且管壁较薄；同时，对于相同的壳体直径，可以排列较多的管子，从而提高单位体积的传热面积。因此，当管程流体较清洁，且允许的压降较高时，常采用 $\phi 19\text{mm} \times 2\text{mm}$ 的管子，若管程走的是易结垢的流体，则应选用 $\phi 25\text{mm} \times 2.5\text{mm}$ 或更大直径的管子。管长的选择以清洁方便和合理使用为原则。管子的长度一般有：1.5m、2m、3m、6m，其中 3m、6m 较多用。

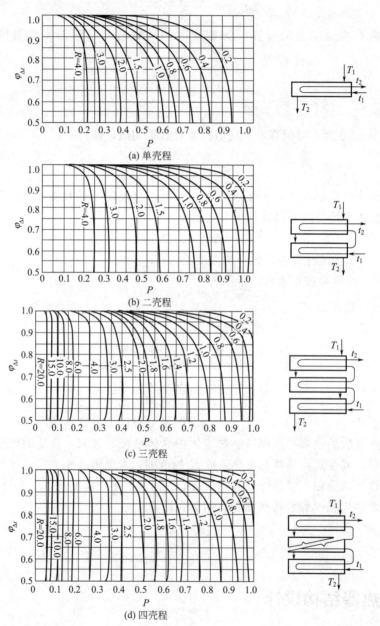

(a) 单壳程

(b) 二壳程

(c) 三壳程

(d) 四壳程

图 4-4　温度差校正系数 $\varphi_{\Delta t}$ 值

### 4.3.1.2　管子排列方式的选择

管子在管板上的排列方式有：正三角形排列、正方形排列、正方形错列（图 4-5）。采用正三角形排列可以在同样的管板面积上排列最多的管数，应用最为普遍，但管外不易清洗，常用于清洁流体。正方形排列或转角正方形（也称错列）排列，由于可以用机械方法清洗，因此适用于易结垢的流体。

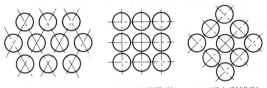

(a) 正三角形排列     (b) 正方形排列     (c) 正方形错列

图 4-5　管子在管板上的排列方式

管子间距 $P_t$（管中心的距离），一般是管外径的 1.25 倍左右，以保证胀管时管板的刚度，其值见表 4-3。

**表 4-3　管子布置间距**

| 管外径 $d_0$/mm | 间　距 $P_t$/mm | 隔板中心到管中心距离 $Z$/mm | 管外径 $d_0$/mm | 间　距 $P_t$/mm | 隔板中心到管中心距离 $Z$/mm |
|---|---|---|---|---|---|
| 19 | 25 | 19 | 31.8 | 40 | 26 |
| 25.4 | 32 | 22 | 38.1 | 48 | 30 |

当管程在二程以上时，此时，隔板中心到管中心的距离 $Z$(mm)，一般为：

$$Z = \frac{P_t}{2} + 6 \tag{4-11}$$

#### 4.3.1.3　总管数、管程数、壳程数的确定

（1）总管数的确定　选定了管径和管长后，可根据估算的传热面积计算单程时的管数 $n$。

$$n = \frac{S}{\pi d_0 l} \tag{4-12}$$

式中　$S$——估算的传热面积，$m^2$；

　　　$d_0$——管子外径，m；

　　　$l$——选取的管子长度，m。

管数必须为整数，实际管数应根据管子在管板上的排列进行确定。

（2）管程数的确定　管程数 $N_p$ 可按下式计算；

$$N_p = \frac{u}{u'} \tag{4-13}$$

式中　$u$——管程内流体的适宜速度，m/s；

　　　$u'$——管程内流体的实际速度，m/s。

（3）壳程数的确定　当 $\varphi_{\Delta t} < 0.8$ 时可采用多壳程，也可将几个相同的换热器串联使用。

### 4.3.2　壳体直径

初步设计中，可用下式估算壳体直径：

$$D = P_t(n_c - 1) + 2b' \tag{4-14}$$

式中　$D$——壳体直径，m；

$P_t$——管中心距，m；

$n_c$——位于管束中心线上的管数；

$b'$——管束中心线上最外层管的中心至壳体内壁的距离，一般取 $b'=(1\sim1.5)d_0$。

管子按正方形排列时　$n_c=1.19\sqrt{n}$

管子按三角形排列时　$n_c=1.1\sqrt{n}$

式中 $n$ 为换热器的总管数。

多管程换热器壳体直径与管程数有关，可用下式近似估算：

$$D=1.05P_t\sqrt{n/\eta} \tag{4-15}$$

式中 $\eta$ 为管板利用率，取值范围如下：

正三角形排列　二管程　$\eta=0.7\sim0.85$

四管程　$\eta=0.6\sim0.8$

正方形排列　二管程　$\eta=0.55\sim0.7$

四管程　$\eta=0.45\sim0.65$

计算得到的壳体直径应按换热器的系列标准进行圆整。壳体直径常用的标准有 159mm、273mm、400mm、500mm、600mm、800mm 等。

### 4.3.3　折流挡板

安装折流挡板的目的是提高壳程对流传热系数，为取得良好的效果，挡板的形状和间距必须适当。

常见的折流板型式如图 4-6 所示，其中以圆缺形（弓形）折流板最为常见。

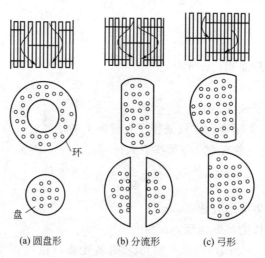

环

盘

(a) 圆盘形　　　(b) 分流形　　　(c) 弓形

图 4-6　折流板型式

对圆缺形挡板而言，弓形缺口的大小对壳程流体的流动情况有重要影响，切去弓形高度约为壳体直径的 10%～40%（一般取 20%～25%）。由图 4-7 可以看出，弓形缺口太大或太小都会产生"死区"，既不利于传热，又往往增加流体阻力。挡板的间距对壳体的流动亦有重要的影响。间距太大，不能保证流体垂直流过管束，使管外表面传热系数下降；间距太小，不便于制造和检修，阻力损失亦大。

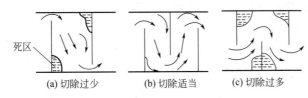

图 4-7 挡板缺口高度和板间距的影响

两相邻挡板的距离（板间距）$h$ 一般取换热器外径 $D$ 的 $0.2 \sim 1.0$ 倍。固定管板式换热器 $h$ 有 150mm、300mm、600mm 三种。浮头式换热器 $h$ 有 150mm、200mm、300mm、480mm、600mm 五种。

### 4.3.4 其他部件

为固定折流板，需要设拉杆和定距管，当换热器壳体直径小于 600mm 时，拉杆数量可取 4，其直径为 $10 \sim 12$mm；当壳体直径大于 800mm 时，拉杆数量可取 $6 \sim 8$，其直径为 12mm。定距管直径一般与换热器尺寸相同。

为防止壳程进口流体直接冲击换热管，产生冲蚀，必要时应在壳程流体进口处设置缓冲板。为防止因壳体与管束间隙过大而产生流体短路，必要时还应设置旁路挡板。具体要求可参见有关书籍。

### 4.3.5 材料选用

换热器材料应根据操作压力、温度及流体的腐蚀性等来选用。

金属材料：碳钢、低合金钢、不锈钢、铜和铝。

非金属材料：石墨、聚四氟乙烯、玻璃。

不锈钢和有色金属材料抗腐蚀性能好，但价格相对较高。

## 4.4 换热器的校核

换热器校核的内容主要包括换热器的传热面积和压降。

### 4.4.1 流体通过换热器阻力的校核

#### 4.4.1.1 管程阻力

管程阻力可按一般摩擦阻力公式求得。对于多程换热器，其阻力 $\sum \Delta p_i$ 等于各程直管阻力，回弯阻力及进、出口阻力之和。一般情况下进、出口阻力可忽略不计，故管程总阻力的计算式为：

$$\sum \Delta p_i = (\Delta p_1 + \Delta p_2) F_t N_s N_p \tag{4-16}$$

式中　$\Delta p_1$、$\Delta p_2$——分别为直管及回弯管中因摩擦阻力而引起的压降，Pa；

　　　　$F_t$——结垢校正因数，对 $\phi 25\text{mm} \times 2.5\text{mm}$ 管子取 1.4，对 $\phi 19\text{mm} \times 2\text{mm}$ 管子取 1.5；

　　　　$N_p$——管程数；

　　　　$N_s$——串联的壳程数。

式(4-16) 中直管压降 $\Delta p_1$ 可按范宁公式计算：

$$\Delta p_1 = \lambda \frac{l}{d} \times \frac{\rho u_i^2}{2} \tag{4-17}$$

回弯管的压降 $\Delta p_2$ 由下面的经验公式估算，即：

$$\Delta p_2 = 3\left(\frac{\rho u_i^2}{2}\right) \tag{4-18}$$

#### 4.4.1.2 壳程阻力

$$\sum \Delta p_o = (\Delta p'_1 + \Delta p'_2) F_t N_s \tag{4-19}$$

式中　$\sum \Delta p_o$——壳程总阻力引起的压降，Pa；

　　　$\Delta p'_1$——流体横向通过管束的压降，Pa；

　　　$\Delta p'_2$——流体通过折流板缺口处的压降，Pa；

　　　$F_t$——壳程结垢校正系数，液体取 1.15，气体取 1.0。

$$\Delta p'_1 = F f_o n_c (N_B + 1) \frac{\rho u_o^2}{2} \tag{4-20}$$

$$\Delta p'_2 = N_B \left(3.5 - \frac{2h}{D}\right) \frac{\rho u_o^2}{2} \tag{4-21}$$

式中　$F$——管子排列方法对压降的校正因数，对正三角形排列 $F = 0.5$，对正方形错列 $F = 0.4$，对正方形排列 $F = 0.3$；

　　　$f_o$——壳程流体的摩擦系数，当 $Re_o > 500$ 时，$f_o = 5.0 Re_o^{-0.228}$；

　　　$N_B$——折流挡板数；

　　　$h$——折流挡板间距；

　　　$u_o$——按壳程流通截面积 $S_o$ 计算的流速，m/s，$S_o = h(D - n_c d_o)$。

根据以上压降的计算方法计算出压降，与工艺上提出的要求进行核算。若不符合，应修正设计。一般情况下，液体流过换热器的压降为 $10 \sim 100 kPa$，气体为 $1 \sim 10 kPa$，允许的压降与换热器的操作压力有关，操作压力大，允许的压降可大些。换热器合理的压降参见表 4-4。

表 4-4　换热器的合理压降

| 换热器操作情况 | 负压 | 低压 | | 中压 | 较高压 |
|---|---|---|---|---|---|
| 操作压力(绝压)$p$/MPa | $0 \sim 0.1$ | $0.1 \sim 0.17$ | $0.17 \sim 1.1$ | $1.1 \sim 3.1$ | $3.1 \sim 8.1$ |
| 合理压降 $\Delta p$/MPa | $p/10$ | $p/5$ | 0.035 | $0.035 \sim 0.18$ | $0.07 \sim 0.25$ |

### 4.4.2　传热面积的校核

#### 4.4.2.1　传热系数 $K$ 的校核

初算传热面积时，所用的传热系数为选取的经验值。当换热器的结构确定以后，应根据设备的结构参数，冷、热流体的流量及物性参数等，重新校核 $K$ 值。

以外表面为基准，相应的传热系数的计算式为：

$$K_o = \cfrac{1}{\left(\cfrac{d_o}{\alpha_i d_i} + R_i \cfrac{d_o}{d_i} + \cfrac{b d_o}{\lambda d_m} + R_o + \cfrac{1}{\alpha_o}\right)} \tag{4-22}$$

式中　$d_i$、$d_o$、$d_m$——分别为管内径、管外径、平均直径，m；

　　　　$\alpha_i$、$\alpha_o$——分别为管内、管外对流传热系数，W/(m² · ℃)；

　　　　$R_i$、$R_o$——分别为管内、管外污垢热阻，(m² · ℃)/W；

　　　　　　$b$——换热器的壁厚，m；

　　　　　　$\lambda$——管壁材料的热导率，W/(m · ℃)。

（1）管程流体传热膜系数的计算　无相变时，流体在圆形直管内作强制对流时的对流传热系数。

① 低黏度流体时

$$\alpha = 0.023 \frac{\lambda}{d_i} Re^{0.8} Pr^n = 0.023 \frac{\lambda}{d_i} \left( \frac{d_i u \rho}{\mu} \right)^{0.8} \left( \frac{c_p \mu}{\lambda} \right)^n \tag{4-23}$$

式中　$\alpha$——对流传热系数，W/(m² · ℃)；

　　　　$\lambda$——流体的热导率，W/(m · ℃)；

　　　　$d_i$——管内径，m；

　　　　$u$——流体的流速，m/s；

　　　　$\rho$——流体的密度，kg/m³；

　　　　$\mu$——流体的黏度，Pa · s；

　　　　$c_p$——流体的比热容，J/(kg · ℃)；

　　　　$Re$——雷诺数；

　　　　$Pr$——普朗特数。

当流体被加热时 $n=0.4$，被冷却时 $n=0.3$。

应用范围：$Re>10000$ 即流动是充分湍流的；$0.7<Pr<120$（一般流体皆可满足，不适用于液体金属）；$l/d_i>60$，即进口段只占总长的很小一部分，而管内流动是充分发展的。

特征尺寸：$d_i$（管子内径）。

定性温度：流体主体温度在进、出口的算术平均值，即 $t_m = \frac{t_1 + t_2}{2}$。

② 高黏度的液体。因黏度 $\mu$ 的绝对值较大，固体表面与主体温度差带来的影响更为显著。可引入一个无量纲的黏度比：

$$\alpha = 0.027 \frac{\lambda}{d_i} \left( \frac{d_i u \rho}{\mu} \right)^{0.8} \left( \frac{c_p \mu}{\lambda} \right)^{1/3} \left( \frac{\mu}{\mu_w} \right)^{0.14} \tag{4-24}$$

式中 $\mu$、$\mu_w$ 分别为液体在主体平均温度、壁温下的黏度。对于液体，当被加热时：$\left( \frac{\mu}{\mu_w} \right)^{0.14} = 1.05$；冷却时：$\left( \frac{\mu}{\mu_w} \right)^{0.14} = 0.95$。

应用范围：$Re>10000$，$0.7<Pr<1700$，不适用于液体金属，$l/d_i>60$。

特征尺寸：$d_i$（管子内径）。

定性温度：除 $\mu_w$ 取壁温外，流体主体温度取进、出口的算术平均值。

（2）壳程流体传热膜系数的计算

① 无相变时，若换热器内装有圆缺形挡板，壳方流体的对流传热系数为：

$$\alpha = 0.36 \frac{\lambda}{d'_e} \left( \frac{d'_e u \rho}{\mu} \right)^{0.55} \left( \frac{c_p \mu}{\lambda} \right)^{1/3} \left( \frac{\mu}{\mu_w} \right)^{0.14} \tag{4-25}$$

应用范围：$Re = 2 \times 10^3 \sim 1 \times 10^6$。

特征尺寸：传热当量直径 $d'_e$。

定性温度：除 $\mu_w$ 取壁温外，流体主体温度取进、出口的算术平均值。

传热当量直径 $d'_e$ 与管子排列方式有关。

若管子为正方形排列，则

$$d'_e = \frac{4\left(P_t^2 - \frac{\pi}{4}d_o^2\right)}{\pi d_o}$$

若管子为正三角形排列，则

$$d'_e = \frac{4\left(\frac{\sqrt{3}}{2}P_t^2 - \frac{\pi}{4}d_o^2\right)}{\pi d_o}$$

式中　$P_t$——相邻两管的中心距，m；

　　　$d_o$——管外径，m。

② 有相变时，蒸汽在水平管外冷凝的对流传热系数为：

$$\alpha = 0.725\left(\frac{r\rho^2 g\lambda^3}{n\mu d_o \Delta t}\right)^{1/4} \tag{4-26}$$

式中　$\rho$——冷凝液的密度，$kg/m^3$；

　　　$\lambda$——冷凝液的热导率，$W/(m \cdot ℃)$；

　　　$r$——汽化潜热，$J/kg$；

　　　$\mu$——冷凝液的黏度，$Pa \cdot s$；

　　　$d_o$——管外径，m；

　　　$g$——重力加速度，$m/s^2$；

　　　$\Delta t$——蒸汽的饱和温度与壁面温度 $t_w$ 之差，℃；

　　　$n$——水平管束在垂直列上的管子根数，若为单根水平管，$n=1$。

定性温度：膜温 $t = \frac{t_s + t_w}{2}$，用膜温查冷凝液的物性 $\rho$、$\lambda$ 和 $\mu$；汽化潜热 $r$ 用饱和温度 $t_s$ 查；此时认为主体无热阻，热阻集中在液膜中。

蒸汽在垂直管外的对流传热系数。

冷凝液膜为层流流动，即 $Re < 2000$ 时：

$$\alpha = 1.13\left(\frac{r\rho^2 g\lambda^3}{\mu L \Delta t}\right)^{1/4} \tag{4-27}$$

冷凝液膜为湍流流动，即 $Re > 2000$ 时：

$$\alpha = 0.0077\left(\frac{\rho^2 g\lambda^3}{\mu^2}\right)^{1/3} Re^{0.4} \tag{4-28}$$

特征尺寸：$L$ 为管长或板高。

定性温度：膜温 $t = \frac{t_s + t_w}{2}$，用膜温查冷凝液的物性 $\rho$、$\lambda$ 和 $\mu$；汽化潜热 $r$ 用饱和温度 $t_s$ 时的汽化潜热。

流动类型的 $Re$ 可表示为：

$$Re = \frac{4pL\Delta t}{r\mu} \tag{4-29}$$

在其他条件相同时，水平圆管的对流传热系数和垂直圆管的对流传热系数之比为：

$$\frac{\alpha_{水平}}{\alpha_{垂直}} = 0.64 \left(\frac{L}{d_o}\right)^{1/4}$$

因为 $\alpha_{水平} > \alpha_{垂直}$，所以工业冷凝器大部分是卧式的，但蒸发器是立式的。

（3）污垢热阻　由于换热器在长时间使用后，壁面两侧会有污垢形成，使得污垢热阻的影响不可忽略。选取污垢热阻时，主要依靠经验，尤其是对易结垢物料更应慎重。因为污垢热阻在总传热热阻中占有较大比例。常用材料的污垢热阻的大致范围见附录。

#### 4.4.2.2　传热面积的校核

计算管程、壳程对流传热系数，确定污垢热阻，计算出总传热系数 $K_{计}$，代入式（4-10）中，计算出传热面积 $S'$，与初算的换热器的面积 $S$ 比较。若

$$\frac{S}{S'} = 1.1 \sim 1.25$$

说明换热器设计合理，保证留有了 $10\% \sim 25\%$ 的安全系数。若不在此范围内，则应重新设计计算。

# 4.5　换热器的设计计算实例

换热器的设计包括有相变和无相变的设计，本书以无相变的设计为例。

#### 一、设计任务与条件

某生产过程中，反应器的混合气体经与进料物流换热后，用循环冷却水将其从 110℃进一步冷却至 60℃之后，进入吸收塔吸收其中的可溶组分。已知混合气体的流量为 $2.2 \times 10^5 kg/h$，压力为 6.9MPa，循环冷却水的压力为 0.4MPa，循环水的入口温度为 29℃，出口温度为 39℃，试设计一台列管式换热器，完成该生产任务。

经查得混合气体在 85℃下有关物性数据：密度 $\rho_1 = 90kg/m^3$；定压比热容 $c_{p,1} = 3.297kJ/(kg \cdot ℃)$；热导率 $\lambda_1 = 0.0279W/(m \cdot ℃)$；黏度 $\mu_1 = 1.5 \times 10^{-5}Pa \cdot s$。

#### 二、设计计算

（一）确定设计方案

（1）选择换热器的类型　两流体的温度变化情况：

热流体进口温度 110℃，出口温度为 60℃；

冷流体进口温度 29℃，出口温度为 39℃。

该换热器用循环冷却水冷却，冬季操作时，其进口温度会降低，考虑到这一因素，估计该换热器的管壁温度和壳体温度之差较大，因此初步确定选用浮头式换热器。

（2）管程安排　从两物流的操作压力看，应使混合气体走管程，循环冷却水走壳程。但由于循环冷却水较易结垢，若其流速太低，将会加快污垢增长速度，使换热器的热流量下降，所以从总体考虑，应使循环水走管程，混合气体走壳程。

（二）确定物性数据

定性温度：对于一般气体和水等低黏度流体，其定性温度可取流体进、出口温度的

平均值。故壳程混合气体的定性温度为

$$T=\frac{110+60}{2}=85 \text{ (℃)}$$

管程流体的定性温度为

$$t=\frac{39+29}{2}=34 \text{ (℃)}$$

已知混合气体在 85℃下的有关物性数据如下，$\rho_1=90\text{kg/m}^3$；$c_{p,1}=3.297\text{kJ/(kg·℃)}$；$\lambda_1=0.0279\text{W/(m·℃)}$；$\mu_1=1.5\times10^{-5}\text{Pa·s}$。

查得循环水在 34℃下的物性数据：$\rho_1=994.3\text{kg/m}^3$；$c_{p,h}=4.174\text{kJ/(kg·℃)}$；$\lambda_1=0.624\text{W/(m·℃)}$；$\mu_1=0.742\times10^{-3}\text{Pa·s}$。

（三）估算传热面积

（1）热流量（忽略热损失）

$$Q_T=q_{m,h}c_{p,h}\Delta T=220000\times3.297\times(110-60)=3.63\times10^7 \text{ (kJ/h)}=10083.33 \text{ (kW)}$$

（2）冷却水用量（忽略热损失）

$$q_{m,c}=\frac{Q_T}{c_{p,c}\Delta t}=\frac{10083.33\times10^3}{4.174\times10^3\times10}=241.57 \text{ (kg/s)}=869669 \text{ (kg/h)}$$

（3）平均传热温差　先按照纯逆流计算，得

$$\Delta t_m=\frac{(110-39)-(60-29)}{\ln\frac{110-39}{60-29}}=48.3 \text{ (℃)}$$

（4）初算传热面积　由于壳程气体的压力较高，故可选取较大的 $K$ 值。假设 $K=320\text{W/(m}^2\cdot\text{℃)}$，则估算的传热面积为

$$S_{估}=\frac{Q_T}{K\Delta t_m}=\frac{10083.33\times10^3}{320\times48.3}=652 \text{ (m}^2\text{)}$$

（四）工艺结构尺寸

（1）管径和管内流速　选用 $\phi25\text{mm}\times2.5\text{mm}$ 较高级冷拔传热管（碳钢），取管内流速 $u_i=1.3\text{m/s}$。

（2）管程数和传热管数　可依据传热管内径和流速确定单程传热管数

$$N_s=\frac{q_V}{\frac{\pi}{4}d_i^2 u}=\frac{869669/(3600\times994.3)}{0.785\times0.02^2\times1.3}=595$$

按单管程计算，所需的传热管长度为

$$L=\frac{S_{估}}{\pi d_o N_s}=\frac{652}{3.14\times0.025\times595}\approx14 \text{ (m)}$$

按单程管设计，传热管过长，宜采用多管程结构。根据本设计实际情况，采用非标设计，现取传热管长 $l=7\text{m}$，则该换热器的管程数为

$$N_p=\frac{L}{l}=\frac{14}{7}=2$$

传热管总根数　　　$n=595\times2=1190$

（3）平均传热温差校正及壳程数　平均温差校正系数计算如下

$$P=\frac{t_2-t_1}{T_1-t_1}=\frac{39-29}{110-29}=0.124$$

$$R=\frac{T_1-T_2}{t_2-t_1}=\frac{110-60}{39-29}=5$$

按单壳程，双管程结构，查图4-4得

$$\varphi_{\Delta t}=0.96$$

平均传热温差　$\Delta t_m=\varphi_{\Delta t}\Delta t'_m=0.96\times48.3=46.4$（℃）

由于平均传热温差校正系数大于0.8，同时壳程流体流量较大，故取单壳程合适。

（4）传热管排列和分程方法　采用组合排列法，即每程内均按正三角形排列，隔板两侧采用正方形排列。见图4-5。

取管心距 $P_t=1.25d_o$，则 $P_t=1.25\times25=31.25\approx32$（mm）

隔板中心到离其最近一排管中心距离按式（4-11）计算

$$Z=\frac{P_t}{2}+6=\frac{32}{2}+6=22\text{（mm）}$$

各程相邻管的管心距为44mm。

（5）壳体直径　采用多管程结构，壳体直径可按式（4-15）估算。取管板利用率 $\eta=0.75$，则壳体直径为

$$D=1.05P_t\sqrt{n/\eta}=1.05\times32\times\sqrt{1190/0.75}=1338\text{（mm）}$$

按卷制壳体的进级挡，可取 $D=1400$mm。

（6）折流板　采用弓形折流板，取弓形折流板圆缺高度为壳体内径的25%，则切去的圆缺高度为

$$h=0.25\times1400=350\text{（mm）}$$

故可取 $h=350$mm。

取折流板间距 $B=0.3D$（$0.2D<B<D$），则

$$B=0.3\times1400=420\text{（mm）}$$

可取 $B$ 为450mm。

$$\text{折流板数目 } N_B=\frac{\text{传热管长}}{\text{折流板间距}}-1=\frac{7000}{450}-1=14.5\approx14$$

（7）接管　壳程流体进出口接管：取接管内气体流速为 $u_1=10$m/s，则接管内径为

$$D_1=\sqrt{\frac{4q_V}{\pi u}}=\sqrt{\frac{4\times220000/(3600\times90)}{3.14\times10}}=0.294\text{（m）}$$

圆整后可取管内径为300mm。

管程流体进出口接管：取接管内液体流速 $u_2=2.5$m/s，则接管内径为

$$D_2=\sqrt{\frac{4\times869669/(3600\times994.3)}{3.14\times2.5}}=0.352\text{（m）}$$

圆整后取管内径为 360mm。

（五）换热器核算

（1）传热面积校核

① 管程传热膜系数。按式（4-23）计算

$$\alpha_i = 0.023 \frac{\lambda}{d_i} Re^{0.8} Pr^{0.4}$$

管程流体流通截面积

$$S_i = 0.785 \times 0.02^2 \times \frac{1190}{2} = 0.1868 \ (m^2)$$

管程流体流速和雷诺数分别为

$$u_i = \frac{869669/(3600 \times 994.3)}{0.1868} = 1.30 \ (m/s)$$

$$Re = 0.02 \times 1.30 \times 994.3/(0.742 \times 10^{-3}) = 34858$$

普朗特数

$$Pr = \frac{4.174 \times 10^3 \times 0.742 \times 10^3}{0.624} = 4.96$$

$$\alpha_i = 0.023 \times \frac{0.624}{0.02} \times 34858^{0.8} \times 4.96^{0.4} = 5867 [W/(m^2 \cdot ℃)]$$

② 壳程传热膜系数。用式（4-25）计算

$$\alpha_o = 0.36 \frac{\lambda_1}{d'_e} Re_o^{0.55} Pr^{1/3} \left(\frac{\mu}{\mu_w}\right)^{0.14}$$

管子按正三角形排列，传热当量直径为

$$d'_e = \frac{4\left(\frac{\sqrt{3}}{2}P_t^2 - \frac{\pi}{4}d_o^2\right)}{\pi d_o} = \frac{4 \times \left(\frac{\sqrt{3}}{2} \times 0.032^2 - \frac{\pi}{4} \times 0.025\right)}{\pi \times 0.025} = 0.02 \ (m)$$

壳程流通截面积

$$S_o = BD\left(1 - \frac{d_o}{P_t}\right) = 450 \times 1400 \times \left(1 - \frac{25}{32}\right) = 0.1378 \ (m^2)$$

壳程流体流速及其雷诺数分别为

$$u_o = \frac{220000/(3600 \times 90)}{0.1378} = 4.9 \ (m/s)$$

$$Re_o = \frac{0.02 \times 4.9 \times 90}{1.5 \times 10^{-5}} = 5.88 \times 10^5$$

普朗特数

$$Pr_o = \frac{3.297 \times 10^3 \times 1.5 \times 10^{-5}}{0.0279} = 1.773$$

黏度校正 $\left(\frac{\mu}{\mu_w}\right)^{0.14} \approx 0.95$

$$\alpha_o = 0.36 \times \frac{0.0279}{0.02} \times 588000^{0.55} \times 1.773^{1/3} \times 0.95 = 860 [W/(m^2 \cdot ℃)]$$

③ 污垢热阻和管壁热阻。查附录9，管外侧污垢热阻 $R_o=0.0004\,\text{m}^2\cdot\text{℃}/\text{W}$，管内侧污垢热阻 $R_i=0.0006\,\text{m}^2\cdot\text{℃}/\text{W}$。已知管壁厚度 $b=0.0025\,\text{m}$，碳钢在该条件下的热导率为 $50\,\text{W}/(\text{m}\cdot\text{℃})$。

④ 总传热系数 $K$。总传热系数 $K$ 为

$$K=\cfrac{1}{\cfrac{d_o}{\alpha_i d_i}+R_i\cfrac{d_o}{d_i}+\cfrac{bd_o}{\lambda d_m}+R_o+\cfrac{1}{\alpha_o}}=388\,\text{W}/(\text{m}^2\cdot\text{℃})$$

⑤ 传热面积校核。依式(4-10)可得所计算传热面积 $S'$ 为

$$S'=\frac{Q_T}{K\Delta t_m}=\frac{10083.33\times10^3}{388\times48.3}=538\ (\text{m}^2)$$

换热器的实际传热面积为 $S$

$$S=\pi d_o l N_T=3.14\times0.025\times7\times1190=654\ (\text{m}^2)$$

换热器的面积裕度为

$$\frac{S}{S'}=\frac{654}{538}=1.22$$

传热面积裕度合适，该换热器能够完成生产任务。

（2）换热器内压降的核算

① 管程阻力

$$\Delta p_i=(\Delta p_1+\Delta p_2)N_s N_p F_t$$

$$N_s=1,\ N_p=2,\ \Delta p_1=\lambda\frac{l}{d}\times\frac{\rho u_i^2}{2}$$

由 $Re=34858$，传热管相对粗糙度0.01，查参考文献［2］中 $\lambda\text{-}Re$ 双对数坐标图得 $\lambda=0.04$，流速 $u_i=1.30\,\text{m/s}$，$\rho=994.3\,\text{kg/m}^3$，所以

$$\Delta p_1=0.04\times\frac{7}{0.02}\times\frac{1.30^2\times994.3}{2}=11762.6\ (\text{Pa})$$

$$\Delta p_2=3\frac{\rho u_i^2}{2}=3\times\frac{994.3\times1.30^2}{2}=2520\ (\text{Pa})$$

$$\Delta p_i=(11762.6+2520)\times2\times1.4=39991\ (\text{Pa})$$

管程流体阻力在允许范围之内。

② 壳程阻力。按下式计算

$$\Delta p_o=(\Delta p_1'+\Delta p_2')F_t N_s$$

其中 $N_s=1$，$F_t=1$。

流体流经管束的阻力

$$\Delta p_1'=Ff_o n_c(N_B+1)\frac{\rho u_o^2}{2}$$

$$F=0.5$$

$$f_o=5\times591302^{-0.288}=0.2415$$

$$n_c=1.1\sqrt{n}=1.1\times\sqrt{1190}=37.9$$

$$N_B = 14$$

$$u_o = 4.9 \text{m/s}$$

$$\Delta p'_1 = 0.5 \times 0.2415 \times 37.9 \times (14+1) \times \frac{90 \times 4.9^2}{2} = 74169 \text{ (Pa)}$$

流体流过折流板缺口的阻力

$$\Delta p'_2 = N_B \left(3.5 - \frac{2h}{D}\right) \frac{\rho u_o^2}{2}$$

其中 $h = 0.45\text{m}$，$D = 1.4\text{m}$，则

$$\Delta p'_2 = 14 \times \left(3.5 - \frac{2 \times 0.45}{1.4}\right) \times \frac{90 \times 4.9^2}{2} = 43218 \text{ (Pa)}$$

总阻力

$$\Delta p = 74169 + 43218 = 117387 \text{ (Pa)}$$

由于该换热器壳程流体的操作压力较高，所以壳程流体的阻力比较适宜。

换热器主要结构尺寸和计算结果见附表 1。

**附表 1　换热器主要结构尺寸和计算结果**

| 参　　数 | | 管　　程 | 壳　　　程 | |
|---|---|---|---|---|
| | 流率/(kg/h) | 869669 | 220000 | |
| | 进(出)口温度/℃ | 29(39) | 110(60) | |
| | 压力/MPa | 0.4 | 6.9 | |
| 物性 | 定性温度/℃ | 34 | 85 | |
| | 密度/(kg/m³) | 994.3 | 90 | |
| | 定压比热容/[kJ/(kg·℃)] | 4.174 | 3.297 | |
| | 黏度/Pa·s | $0.742 \times 10^{-3}$ | $1.5 \times 10^{-5}$ | |
| | 热导率/[W/(m·℃)] | 0.624 | 0.0279 | |
| | 普朗特数 | 4.96 | 1.773 | |
| 设备结构参数 | 型式 | 浮头式 | 壳程数 | 1 |
| | 壳体内径/mm | 1400 | 台数 | 1 |
| | 管径/mm | $\phi 25 \times 2.5$ | 管心距/mm | 32 |
| | 管长/mm | 7000 | 管子排列 | 正三角形 |
| | 管数目/根 | 1190 | 折流板数/个 | 14 |
| | 传热面积/m² | 652 | 折流板间距/mm | 450 |
| | 管程数 | 2 | 材质 | 碳钢 |

| 主要计算结果 | 管程 | 壳程 |
|---|---|---|
| 流速/(m/s) | 1.30 | 4.9 |
| 表面传热系数/[W/(m²·℃)] | 5867 | 862.7 |
| 污垢热阻/(m²·℃/W) | 0.0006 | 0.0004 |
| 阻力/MPa | 0.04036 | 0.117 |
| 热流量/kW | 10083.33 | |
| 传热温差/K | 48.3 | |
| 传热系数/[W/(m²·℃)] | 388 | |
| 裕度/% | 1.22 | |

# 第5章  化工原理课程设计仿真

## 5.1  仿真技术简介

### 5.1.1  仿真技术概念及其发展

仿真技术是在实体尚不存在或不易在实体上进行实验的情况下，以控制理论、相似原理、数模与计算技术、信息技术、系统技术及其应用领域相关专业技术为基础，以计算机和多种专用物理效应设备为工具，先对考察对象进行建模，用数学方程式表达出其物理特性；然后编制计算机程序，并通过计算机运算出考察对象在系统参数以及内外环境条件改变的情况下，其主要参数如何变化，从而达到全面了解和掌握考察对象特性的目的。即借助系统模型，对实际的或设想的系统进行动态试验研究的一门新兴综合性技术。仿真技术属于一种可控制的、无破坏性的、耗费小的、并允许多次重复的试验手段。

仿真技术的发展历程，已经历了三个大的阶段。

（1）当计算机技术尚未出现的时期，仿真只能在实体上进行，这一阶段的仿真称为模拟仿真（analogous simulation）。其特点为：由于仿真是在实体上进行，因而实时性强且精度较高；但是实施的难度和费用都较大。

（2）在计算机技术问世且被引入仿真的初期，仿真技术步入半模拟半数字的阶段（semianalogous and semidigital）。这时系统中的一部分由计算机代替，另一些则由实物充当，所以，在一定程度上仍然保留着实时性仿真的特点。

（3）在计算机技术迅猛发展并广泛普及的当今社会，仿真技术发展到没有实物介入的、非实时性的全数字仿真阶段，这种仿真称为计算机仿真或数字仿真（digital simulation）。其主要特征是：实现方便、易于修改、费用低、精度高。

### 5.1.2  化工过程仿真技术

随着计算机软、硬件技术的飞速发展，仿真技术在化工领域不断应用，化工仿真技术近几十年来已发展成为一门综合性学科，也是当今化学工程技术发展趋势之一。

化工仿真技术是以现有的计算机软件为基础，在深入了解具体化工生产过程、设备结构、工作原理、控制系统及各种工艺条件的基础上，充分研究化工生产过程中所发生的物理、化学现象，通过建立数学模型，对生产过程进行的动态模拟。通过在计算机上进行开车、停车、事故处理等过程的操作方法和操作技能的仿真模拟实训手段。

化工仿真技术在化学工业领域的应用主要表现在辅助培训与教学、辅助设计、辅助研究和辅助生产等方面。

（1）辅助训练与教学  化工过程仿真训练是以流程模拟系统和系统仿真技术为手段，

通过建立化工仿真装置，建造一个与真实系统相似的操作控制系统，模拟真实的生产装置，再现实际生产过程的动态特征，使学生能够在非常逼真的环境中，进行操作技能的训练。它是用来培训各类操作人员，提高操作技能的有效手段。对操作员主要是开车、停车、正常运行的操作技巧以及处理紧急事故的能力训练；对于仪表工程师主要是仪表系统的调整、组态，仪表系统故障的分析与处理，出现事故后的恢复等能力的训练；对于工艺工程师则主要是对各工艺流程变量的分析，工艺参数的优化选择，提高产品质量与产量，节省能源等各种措施的正确使用能力的训练。大量的统计结果表明：仿真训练可以使操作工人在短短几周之内取得现场 2～5 年的实践经验。因此，许多企业已将这种仿真培训列入考核操作工人取得上岗资格的必备手段。可以预料，仿真培训技术将在保障安全生产、降低操作成本、节省开停车费用、节能、节省原料、提高产品质量、提高生产率、保障人身安全、保护生态环境、延长设备使用寿命、减少事故损失等方面发挥重要作用。

（2）辅助设计　仿真技术应用于辅助工程设计，主要用来完成工艺流程设计，包括方案选择、参数确定，也可以用在过程优化。利用仿真技术进行辅助设计，可以节省大量的人力和物力；同时大大缩短了过程开发周期，对于新技术尽快投入市场起着非常重要的作用。仿真技术用于化工辅助设计通常有以下几个方面：①工艺过程设计方案的试验与优选；②工艺参数、设备选型和参数设计的试验与优选；③工艺过程设计的开、停车方案的可行性试验与分析；④自动控制系统方案的试验、优选与调试；⑤连锁系统和自动开停车系统设计方案的试验与分析。

（3）辅助研究　利用电子计算机高速图形处理技术、高分辨率彩色显示技术，将仿真计算结果和运行过程形象地展现在人们面前，比如物料的运输，设备的运转、启停，设备的结构，生产过程等。科技人员能够置身于一种虚拟的试验环境中从事过程系统研究，这种研究在计算流体动力学、分子设计以及炼油、化工等过程新工艺的研究和小试、中试、工业化规模的试验等方面，仿真技术辅助研究已经取得了很好的效果。

（4）辅助生产　在大规模、连续化的石油、化工生产中，任何一项技术上的改变都必须三思而后行，否则将会造成无法挽回的损失。目前在石油、化工领域中仿真技术辅助生产应用较多的有以下几个方面：①装置开、停车方案的论证与优选；②工艺和自控系统改造的试验与方案的论证、分析；③生产优化试验和生产优化操作指导；④事故预定的试验与事故分析和处理的方案论证；⑤紧急救灾方案试验与论证。

### 5.1.3　化工原理课程设计仿真

化工原理课程设计是培养学生综合运用有关课程的理论和专业知识解决实际问题，按照科学的研究方法，建立正确的设计思想，进一步提高分析问题、解决实际问题能力的重要教学实践活动。然而在多年的教学实践中，由于学时少，学生实践知识少，难于将理论分析、工艺计算等教学活动结合到实际的设计中去，总感到在教和学的过程中不能产生共鸣，不能充分调动学生的积极性，难于在课堂教学中培养和建立学生的工程概念，整个设计过程犹如纸上谈兵。

为激发学生学习兴趣，调动学生积极性，充分发挥课程设计对学生综合能力的训练，根据化工原理课程设计步骤，我们采用多媒体技术开发了与之相配套的课程设计软件。软件由"板式精馏塔设计软件"和"列管式换热器设计软件"两部分组成。利用该软件，学生在设计过程中可以随时检验自己设计结果的合理性，为学生在设计过程中进行参数的优选及多设计方案的比较提供了强有力的工具。这对培养学生的思维能力、分析判断能力和设计能力具有良好的促进作用，也可为以后专业课的课程设计和毕业设计打下良好的基础。

## 5.2 板式精馏塔设计仿真操作要点

### 5.2.1 软件功能特点简介

软件采用 C++Builder 及 Dreamweaver 4、Photoshop 6.0、Flash 5.0 等多种多媒体创作工具开发完成。借助本软件可以把板式精馏塔的整个工艺设计过程在计算机上实现，通过友好的交互性能，帮助使用者轻松完成设计任务。主要具有如下功能特点：

(1) 查阅板式精馏塔的设计知识。有关课程设计内容、要求、步骤及计算方法等知识，每次设计前，指导教师都要抽出一定的时间集中介绍；但内容繁杂，公式较多，学生在设计过程中，往往不能按照要求去做，还需教师一步步指导。把所需的设计内容制作成网页格式，层次清晰，查找方便，学生在设计过程中，可随时查阅有关的内容。既可用于课堂教学，也可作为学生预习、复习的工具。

(2) 动态进行二元物系精馏塔设计计算。系统运用可视化程序设计语言，采用窗口化管理，界面友好，通过人机交互方式进行操作，操作者只要按照提示，输入有关的参数，用鼠标按动"计算"、"上一步"、"下一步"等按钮，引导学生完成整个设计计算，可避免学生以前设计项目不完全的问题。

(3) 对不同设计方案进行比较。课程设计可选方案有多种，参数选取也可不同。以前，由于计算量大，每一组只能选择一种方案；现在利用该软件，可以选择不同的设计方案、不同的参数进行，从中发现各参数之间的相互影响，有助于对整体内容的理解。

(4) 理论塔板数的精确计算。

(5) 以文本格式保存设计结果，退出系统，也可查看或打印结果。

### 5.2.2 软件的组成部分

本系统主要由四部分组成：设计计算、设计教程、设备装配图和设计结果。设计计算部分是本软件的核心，用户根据屏幕提示输入相应的数值，系统逐步进行设计计算，动态完成计算任务；设计教程部分向用户提供设计要求、计算方法及所使用的公式，内容包括概述、设计方案、工艺设计、塔的结构、附属设备、附录等；设备装配图部分是系统提供设计图例；设计结果部分列出主要的设计结果。这四部分之间的关系如图 5-1 所示。

### 5.2.3 软件操作说明

#### 5.2.3.1 安装

双击系统盘中"精馏塔"文件名下的 图标，按提示输入用户名、公司名称、序列号等信息，选择安装路径，进行安装。安装完成后在桌面上出现 的快捷图标。

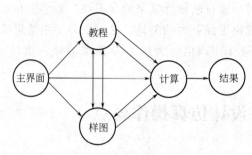

图 5-1 软件系统关系

### 5.2.3.2 启动

双击桌面上快捷图标 ![icon]，或从"开始"菜单中启动。即可进入板式精馏塔设计软件主界面，窗口中有"教程"、"计算"、"样图"和"退出"四个圆形按钮，点击不同的按钮分别执行不同的任务。软件主界面如图 5-2 所示。

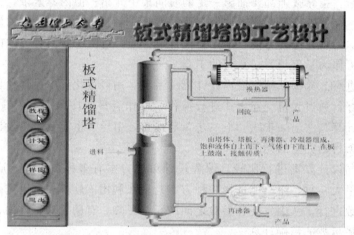

图 5-2 板式精馏塔工艺设计主界面

### 5.2.3.3 教程部分

教程部分是向设计者提供设计计算过程中所涉及到的专业知识、技术参数、理论公式以及所需的图表、物性参数等内容，以文本、图像、动画的形式生动地展现出来。根据塔设备设计的要求和内容，把精馏塔设计过程中所涉及到的有关内容归纳为：概述、设计方案、工艺设计、塔的结构、附属设备五部分内容，其界面如图 5-3 所示。

在教程界面中，右上方有四个绿色圆按钮，分别为"后退"、"前进"、"计算"和"返回"，用鼠标左键点击"后退"或"前进"按钮，可在教程中向后一页或向前一页，如点击"计算"按钮，则进入到计算界面，点击"返回"按钮，则返回到精馏塔设计软件主界面。中心区图下方的"概述"、"设计方案"、"工艺设计"、"塔的结构"、"附属设备"是教程的五个部分，点击每一部分，可进入相应的内容。每一部分又分成若干子项目。

### 5.2.3.4 计算部分

计算部分是依据设计者提供的设计任务及初始状态参数，在后台完成工艺计算、塔板和塔主要工艺尺寸的设计计算、塔板结构设计以及辅助设备设计。其操作步骤如下。

图 5-3 教程主界面

① 在板式精馏塔软件主界面，点击左侧"计算"按钮，进入如图 5-4 所示的设计计算主界面。

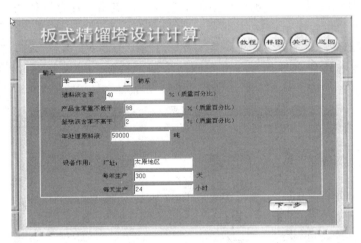

图 5-4 设计计算主界面

② 在中心区，有一个输入框图，要求用户根据设计内容，输入相应的参数后，点击"下一步"，给出计算结果，进入如图 5-5 所示的界面，为计算输出的相关项目。

③ 根据提示，用户输入所需的参数，点击"计算"按钮，执行计算操作，给出计算结果。如果输入的数据有误，点击"上一步"按钮，返回前一页面，用户可修改输入的参数，输入数据有三种方式：一是根据任务书中的给定条件输入，如产品组成，大气压等参数，这一类数据输入时需要用户认真对待，因为输入这类参数时，不给出提示信息；二是在某一数值范围内选择一适宜的数值，这类数据输入后，计算机首先进行判断，看其是否合乎要求；三是在下拉列表框中选择。用户只要按要求输入正确的参数，点击"计算"或"下一步"按钮，就会一步一步往下计算，如需修改数据，点击"上一步"。

④ 在附属设备计算过程中，需要对全凝器、预热器、再沸器的公称直径、管程数、管子数、换热管长度、换热面积等参数进行选择。用户点击图中的"选择参数"按钮，就会打开程序内部所附的数据库，出现供用户选择的系列参数。全部参数选择完成以后，点

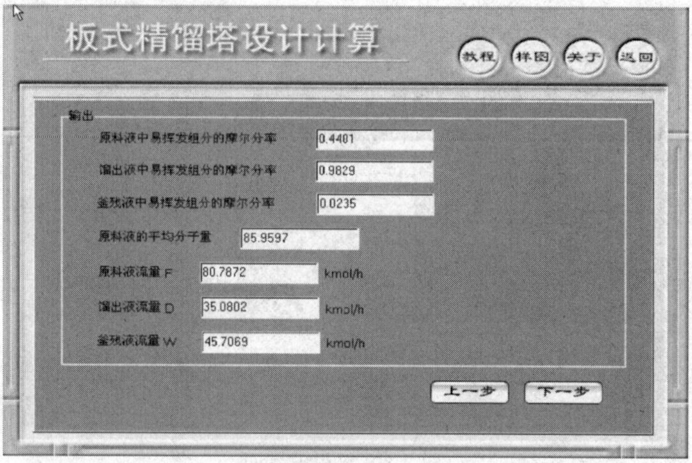

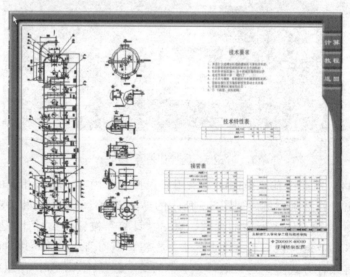

图 5-5 计算结果输出界面

击"确定",返回到原来窗口,各参数栏显示刚才所选参数值。

⑤ 全部计算完成以后,出现设计结果汇总界面,点击"保存"按钮,即以 *.txt 格式保存设计结果。

### 5.2.3.5 样图部分

在板式精馏塔软件主界面,点击左侧"样图"按钮,进入如图 5-6 所示的样图主界面。

图 5-6 样图主界面

在样图主界面中心区,左侧为板式精馏塔的装配图,右侧为"技术要求"、"技术特性表"、"接管表"等内容,中间为塔设备的七处局部放大图。其中,装配图和局部放大图可以放大,将鼠标置于其上,点击即可弹出局部放大图,再点击恢复原状。

### 5.2.3.6 软件的退出

在任意状态下,点击"返回"按钮,即回到主界面下,然后点击"退出"按钮,即可退出本设计软件,返回 Windows 操作界面。

## 5.3 列管式换热器设计仿真操作要点

### 5.3.1 软件功能特点简介

软件利用文本、图像、声音、视频等多种媒体所提供的各种形式和介质，把传热设备及设计内容做成操作方便、生动活泼的多媒体教学软件，增加学生的学习兴趣。主要内容如下。

（1）换热器的类型，简要介绍间壁式换热器、混合式换热器、蓄热式换热器三种换热器，并配有相关图片。

（2）各种新型换热器，主要包括翅片式换热器、螺旋板式换热器、板式换热器和板翅式换热器。

（3）列管式换热器的设计，是整个仿真中的重点内容，主要包括：设计概述、列管式换热器的选型、设计方案的选用、辅助构件的选用、设计的计算、流动阻力的计算、总传热系数的校核、设计举例、说明书及流程图绘制九个子类。

### 5.3.2 软件操作说明

#### 5.3.2.1 安装

双击安装图标 ，按提示输入用户名，公司名称，序列号等信息，选择安装路径，进行安装。安装完成后在桌面上出现 的快捷图标。

#### 5.3.2.2 启动与操作

① 点击桌面上的快捷键图标 ，或从"开始"菜单中启动。进入如下软件主界面图，见图5-7。在主界面窗口中有"教程"、"关于"和"退出"三个按钮，点击不同的按钮分别执行不同的任务。

图 5-7 列管式换热器工艺设计主界面

② 点击"教程"按钮，进入如下教程界面（图5-8），左侧黄色的条目是换热器目录结构，点击即可进入相关内容。

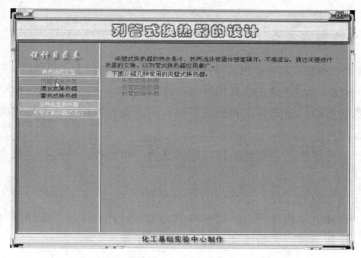

图5-8 教程界面

③ 如进入其他部分，直接点击窗口左侧的目录即可，如点击"列管式换热器设计"，打开换热器设计部分包含的九个子目录，同时收缩其他两部分已展开的子目录。如图5-9所示。

图5-9 设计计算界面

④ 在每个子目录下，又包含若干子目录，点击即可打开。

总之，该软件中不仅有各种类型换热器（包括一些新型换热器）的内容介绍和结构图，还有列管式换热器设计的计算公式、设计项目、说明书内容和设计图纸的要求等全部内容，并且提供设计事例。

### 5.3.2.3 退出

在程序的任一窗口，点击右上端的 ，可关闭窗口，退出程序。

# 附　　　录

## 附录 1　常用有机物质的 Antoine 方程常数

Antoine 方程的表达式为：$\lg p^* = A - B/(C+t)$

Antoine 方程常用在 200kPa 以下，如果没有 200~270kPa 以内的实验数据，Antoine 方程就不能用于这一压力范围。Antoine 方程在各种手册上所提供的方程常数有明确的温度范围（实验范围），不宜任意外推，如果实验值包括临界点，Antoine 方程也能用至临界点。在实验的温度范围内，此方程有很好的精确度。

下表列出了常用的有机物质的 Antoine 方程常数。常数 $A$、$B$ 和 $C$，蒸汽压的单位为 kPa，温度 $t$ 的单位为℃。

| 序号 | 分子式 | 化合物名称 | 英　文　名 | $A$ | $B$ | $C$ | 温度范围/℃ |
|---|---|---|---|---|---|---|---|
| 1 | CCl₄ | 四氯化碳 | carbon tetrachloride | 6.01896 | 1219.58 | 227.16 | −20~101 |
| 2 | CF₄ | 四氟化碳 | carbon tetrafluoride | 6.0972 | 540.5 | 260.09 | −180~−125 |
| 3 | CHCl₃ | 三氯甲烷 | chloroform | 6.0620 | 1171.2 | 226.99 | −13~97 |
| 4 | CH₂Br₂ | 二溴甲烷 | dibromomethane | 6.1874 | 1327.8 | 220.53 | −2~121 |
| 5 | CH₂Cl₂ | 二氯甲烷 | dihloromethane | 6.2052 | 1138.91 | 231.45 | −44~60 |
| 6 | CH₂O | 甲醛 | formaldehyde | 6.2810 | 957.24 | 243.01 | −88~2 |
| 7 | CH₂O₂ | 甲酸 | formic acid | 6.5028 | 1563.28 | 247.07 | −2~136 |
| 8 | CH₃Br | 一溴甲烷 | methyl bromide | 6.08455 | 986.59 | 238.32 | −58~53 |
| 9 | CH₃Cl | 一氯甲烷 | methyl chloride | 6.11935 | 902.45 | 243.6 | −93~−7 |
| 10 | CH₃NO₂ | 硝基甲烷 | nitromethane | 6.16886 | 1291.0 | 209.0 | 5~136 |
| 11 | CH₄ | 甲烷 | methane | 5.82051 | 05.42 | 267.78 | −181~−152 |
| 12 | CH₄O | 甲醇 | methanol | 7.19736 | 1574.99 | 238.86 | −16~91 |
| 13 | C₇H₈ | 甲苯 | toluene | 6.07954 | 1344.8 | 219.482 | 6~137 |
| 14 | CH₅N | 甲胺 | methylamine | 6.6218 | 1079.15 | 240.24 | −61~38 |
| 15 | C₉H₁₂ | 丙苯 | propylbenzene | 6.19926 | 1569.622 | 209.578 | 48~193 |
| 16 | C₉H₁₂ | 异丙苯 | isopropylbenzene | 6.06156 | 1460.793 | 207.777 | 38~181 |
| 17 | C₂H₂ | 乙炔 | acetylene | 6.2651 | 1232.6 | 280.9 | −129~−83 |
| 18 | C₂H₃Cl | 氯乙烯 | vinyl chloride | 5.6220 | 783.4 | 230.0 | −88~17 |
| 19 | C₂H₃N | 乙腈 | acetonitrile | 6.19843 | 1279.2 | 224.0 | −13~117 |
| 20 | C₂H₄ | 乙烯 | ethylene | 5.87246 | 585.0 | 255.0 | −153~91 |
| 21 | C₂H₂ | 乙炔 | acetylene | 6.2651 | 1232.6 | 280.9 | −129~−83 |
| 22 | C₂H₄O | 环氧乙烷 | ethylene oxide | 6.3950 | 1112.1 | 244.15 | −73~37 |
| 23 | C₂H₄O₂ | 乙酸 | aceticacid | 6.42452 | 1479.02 | 216.82 | 15~157 |
| 24 | C₂H₄O₂ | 甲酸甲酯 | methyl-formate | 6.29530 | 1125.20 | 230.56 | −48~51 |
| 25 | C₂H₅Cl | 氯乙烷 | chloroethane | 6.07404 | 1012.78 | 236.68 | −73~37 |
| 26 | C₂H₆ | 乙烷 | ethane | 5.95942 | 663.7 | 256.47 | −143~−75 |
| 27 | C₂H₆O | 甲醚 | methyl-ether | 6.44136 | 1025.26 | 256.05 | −94~8 |
| 28 | C₂H₆O | 乙醇 | ethanol | 7.33827 | 1650.05 | 231.48 | −3~96 |
| 29 | C₂H₆O₂ | 乙二醇 | ethylene glycol | 7.9194 | 2615.4 | 244.91 | −91~221 |
| 30 | C₂H₇N | 乙胺 | ethylamine | 6.1888 | 1024.4 | 238.0 | −55~37 |
| 31 | C₃H₆ | 丙烯 | propylene | 5.9445 | 785.85 | 247.00 | −112~−32 |
| 32 | C₃H₆O | 丙酮 | actone | 6.35647 | 1277.03 | 237.23 | −32~77 |
| 33 | C₃H₆O | 丙酸 | propionic acid | 6.1742 | 1154.8 | 229.0 | −88~69 |
| 34 | C₃H₆O₂ | 丙醛 | propionaldehyde | 6.6725 | 1617.06 | 207.67 | 41~164 |
| 35 | C₃H₈ | 丙烷 | propane | 5.92888 | 803.81 | 246.99 | −108~−25 |

| 序号 | 分子式 | 化合物名称 | 英 文 名 | A | B | C | 温度范围/℃ |
|---|---|---|---|---|---|---|---|
| 36 | $C_3H_8O$ | 丙醇 | propane alcohol | 6.74414 | 1375.14 | 193.0 | 12～127 |
| 37 | $C_3H_8O$ | 异丙醇 | isopropyl alcohol | 7.24313 | 1580.92 | 219.61 | −1～101 |
| 38 | $C_4H_6$ | 1,3-丁二烯 | 1,3-butadiene | 5.97489 | 930.546 | 238.73 | −58～14 |
| 39 | $C_4H_6O_3$ | 酸酐 | acetic-anhydride | 6.24650 | 1427.770 | 198.050 | 35～164 |
| 40 | $C_8H_{10}$ | 乙苯 | ethylbenzene | 6.08208 | 1424.255 | 213.06 | 26～163 |
| 41 | $C_4H_8$ | 1-丁烯 | 1-butene | 5.9678 | 926.1 | 240.00 | −81～13 |
| 42 | $C_4H_9Cl$ | 1-氯丁烷 | 1-chlorobutane | 6.0628 | 1227.433 | 224.1 | −18～112 |
| 43 | $C_4H_{10}$ | 丁烷 | butane | 5.93386 | 935.86 | 238.730 | −78～19 |
| 44 | $C_4H_{10}$ | 异丁烷 | isobutane | 6.03538 | 946.350 | 246.680 | −87～7 |
| 45 | $C_4H_{10}O$ | 乙醚 | ethyl-ether | 6.04522 | 1064.070 | 228.800 | −61～20 |
| 46 | $C_4H_{10}O$ | 正丁醇 | n-butanol | 6.60172 | 1362.39 | 178.72 | 14～131 |
| 47 | $C_4H_{10}O$ | 伯丁醇 | 2-butanol | 6.59921 | 1314.19 | 186.55 | 25～120 |
| 48 | $C_4H_{10}O$ | 异丁醇 | isobutanol | 6.45197 | 1248.48 | 172.85 | 19～115 |
| 49 | $C_6H_5Br$ | 溴苯 | bromobenzene | 5.9855 | 1438.82 | 205.44 | 47～177 |
| 50 | $C_6H_5Cl$ | 氯苯 | chlorobenzene | 6.1030 | 1431.05 | 217.55 | 0～110 |
| 51 | $C_6H_6$ | 苯 | fluorobenzene | 6.03055 | 1211.033 | 220.790 | −16～104 |
| 52 | $C_6H_6O$ | 苯酚 | phenol | 6.25947 | 1516.072 | 174.569 | 72～208 |
| 53 | $C_6H_7N$ | 苯胺 | aniline | 6.36668 | 1675.3 | 200.00 | 67～227 |
| 54 | $C_6H_{14}$ | 己烷 | n-hexane | 5.99514 | 1168.72 | 224.21 | −25～92 |
| 55 | $C_6H_{14}O$ | 己醇 | 1-hexanol | 6.98535 | 1761.26 | 196.67 | 35～157 |
| 56 | $C_7H_6O_2$ | 苯甲酸 | benzoic acid | 6.5789 | 1820.0 | 147.96 | 132～287 |

## 附录2 典型二元物系溶液气液平衡数据

### 2.1 乙醇-水溶液常压下平衡数据（101.3kPa）

| 温度/℃ | 液相中乙醇（摩尔分数）/% | 气相中乙醇（摩尔分数）/% | 温度/℃ | 液相中乙醇（摩尔分数）/% | 气相中乙醇（摩尔分数）/% |
|---|---|---|---|---|---|
| 100 | 0 | 0 | 86.0 | 11.0 | 45.4 |
| 99.3 | 0.2 | 2.5 | 85.7 | 11.5 | 46.1 |
| 98.8 | 0.4 | 4.2 | 85.4 | 12.1 | 46.9 |
| 97.7 | 0.8 | 8.8 | 85.2 | 12.6 | 47.5 |
| 96.7 | 1.2 | 12.8 | 85.0 | 13.2 | 48.1 |
| 95.8 | 1.6 | 16.3 | 84.8 | 13.8 | 48.7 |
| 95.0 | 2.0 | 18.7 | 84.7 | 14.4 | 49.3 |
| 94.2 | 2.4 | 21.4 | 84.5 | 15.0 | 49.8 |
| 93.4 | 2.9 | 24.0 | 83.3 | 20.0 | 53.1 |
| 92.6 | 3.3 | 26.2 | 82.4 | 25.0 | 55.5 |
| 91.9 | 3.7 | 28.1 | 81.6 | 30.6 | 57.7 |
| 91.3 | 4.1 | 29.9 | 81.2 | 35.1 | 59.6 |
| 90.8 | 4.6 | 31.6 | 80.8 | 40.0 | 61.4 |
| 90.5 | 5.1 | 33.1 | 80.4 | 45.4 | 63.4 |
| 89.7 | 5.5 | 34.5 | 80.0 | 50.2 | 65.4 |
| 89.2 | 6.0 | 35.8 | 79.8 | 54.0 | 66.9 |
| 89.0 | 6.5 | 37.0 | 79.6 | 59.6 | 69.6 |
| 88.3 | 6.9 | 38.1 | 79.3 | 64.1 | 71.9 |
| 87.9 | 7.4 | 39.2 | 78.8 | 70.6 | 75.8 |
| 87.7 | 7.9 | 40.2 | 78.6 | 76.0 | 79.3 |
| 87.4 | 8.4 | 41.3 | 78.4 | 79.8 | 81.8 |
| 87.0 | 8.9 | 42.1 | 78.2 | 86.0 | 86.4 |
| 86.7 | 9.4 | 42.9 | 78.15 | 89.4 | 89.4 |
| 86.4 | 9.9 | 43.8 | | 95.0 | 94.2 |
| 86.2 | 10.5 | 44.6 | | 100 | 100 |

### 2.2 苯-甲苯溶液气液平衡数据（101.3kPa）

| 温度/℃ | 液相中苯<br>（摩尔分数）/% | 气相中苯<br>（摩尔分数）/% | 温度/℃ | 液相中苯<br>（摩尔分数）/% | 气相中苯<br>（摩尔分数）/% |
|---|---|---|---|---|---|
| 110.4 | 0.0 | 0.0 | 92.0 | 51.3 | 72.5 |
| 108.0 | 6.0 | 13.8 | 90.0 | 58.4 | 77.8 |
| 106.0 | 10.8 | 23.2 | 88.0 | 66.0 | 82.9 |
| 104.0 | 15.8 | 31.9 | 86.0 | 73.8 | 87.6 |
| 102.0 | 21.0 | 39.9 | 84.0 | 82.4 | 92.1 |
| 100.0 | 26.4 | 47.3 | 82.0 | 91.5 | 96.4 |
| 98.0 | 32.2 | 54.3 | 81.0 | 96.3 | 98.5 |
| 96.0 | 38.3 | 60.8 | 80.2 | 100.0 | 100.0 |
| 94.0 | 44.6 | 66.8 | | | |

### 2.3 甲醇-水溶液的平衡数据表（101.3kPa）

| 温度/℃ | 液相中甲醇<br>（摩尔分数）/% | 气相中甲醇<br>（摩尔分数）/% | 温度/℃ | 液相中甲醇<br>（摩尔分数）/% | 气相中甲醇<br>（摩尔分数）/% |
|---|---|---|---|---|---|
| 100 | 0 | 0 | 75.3 | 40 | 72.9 |
| 96.4 | 2 | 13.4 | 73.1 | 50 | 77.9 |
| 93.5 | 4 | 23.4 | 71.2 | 60 | 82.5 |
| 91.2 | 6 | 30.4 | 69.3 | 70 | 87.0 |
| 89.3 | 8 | 36.5 | 67.6 | 80 | 91.5 |
| 87.7 | 10 | 41.8 | 66.0 | 90 | 95.8 |
| 84.4 | 15 | 51.7 | 65.0 | 95 | 97.9 |
| 81.7 | 20 | 57.9 | 64.7 | 100 | 100.0 |
| 78.0 | 30 | 66.5 | | | |

## 附录3 常见二元物系的物性数据

### 3.1 乙醇-水溶液的比热容

kJ/(kg·℃)

| 比热容<br>摩尔分数/% ＼ 温度/℃ | 0 | 30 | 50 | 70 | 90 |
|---|---|---|---|---|---|
| 1.60 | 4.31 | 4.23 | 4.27 | 4.27 | 4.27 |
| 3.30 | 4.40 | 4.27 | 4.27 | 4.27 | 4.31 |
| 7.04 | 4.35 | 4.31 | 4.31 | 4.31 | 4.31 |
| 11.33 | 4.19 | 4.27 | 4.40 | 4.48 | 4.56 |
| 16.34 | 3.94 | 4.10 | 4.19 | 4.35 | 4.44 |
| 22.38 | 3.64 | 3.85 | 4.02 | 4.23 | 4.40 |
| 29.85 | 3.35 | 3.60 | 3.85 | 4.10 | 4.35 |
| 39.36 | 3.14 | 3.35 | 3.68 | 3.94 | 4.27 |
| 52.02 | 2.81 | 3.10 | 3.22 | 3.64 | 4.06 |
| 70.04 | 2.55 | 2.81 | 2.93 | 3.35 | 3.77 |
| 100 | 2.26 | 2.61 | 2.72 | 2.97 | 3.27 |

### 3.2 苯-甲苯溶液的黏度

mPa·s

| 黏度<br>摩尔分数/% ＼ 温度/℃ | 20 | 30 | 40 | 50 | 80 |
|---|---|---|---|---|---|
| 0 | 0.595 | 0.520 | 0.463 | 0.350 | 0.318 |
| 28.22 | 0.605 | 0.540 | 0.48 | — | — |
| 54.62 | 0.595 | 0.530 | 0.475 | 0.350 | — |
| 77.96 | 0.585 | 0.520 | 0.470 | — | — |
| 100 | 0.650 | 0.560 | 0.490 | 0.350 | 0.327 |

### 3.3 乙醇-水溶液的黏度

mPa·s

| 黏度／温度/℃ 摩尔分数/% | 20 | 30 | 40 | 50 | 60 | 70 |
|---|---|---|---|---|---|---|
| 4.16 | 1.56 | 1.17 | 0.90 | 0.74 | 0.62 | 0.51 |
| 8.91 | 2.21 | 1.57 | 1.16 | 0.92 | 0.74 | 0.61 |
| 14.36 | 2.71 | 1.90 | 1.13 | 1.06 | 0.84 | 0.68 |
| 20.69 | 2.94 | 2.00 | 1.15 | 1.11 | 0.91 | 0.72 |
| 28.13 | 2.91 | 2.00 | 1.15 | 1.11 | 0.91 | 0.74 |
| 36.99 | 2.69 | 1.97 | 1.14 | 1.11 | 0.91 | 0.73 |
| 47.73 | 2.38 | 1.79 | 1.13 | 1.10 | 0.86 | 0.7 |
| 61.02 | 2.03 | 1.56 | 1.12 | 0.98 | 0.80 | 0.65 |
| 77.88 | 1.64 | 1.31 | 1.05 | 0.86 | 0.71 | 0.50 |
| 98.98 | 1.26 | 1.03 | 0.86 | 0.72 | 0.63 | — |
| 100 | 1.005 | 0.861 | 0.656 | 0.549 | 0.469 | 0.406 |

### 3.4 乙醇-水混合物的汽化热及热焓

| 乙醇摩尔分数 /% | 密度 $\rho$(15℃) /(kg/m³) | 沸腾温度 /℃ | 沸液焓 $H_1$ /(kJ/kg) | 汽化热 $r$ /(kJ/kg) | 蒸汽焓 $H_v$ /(kJ/kg) |
|---|---|---|---|---|---|
| 0 | 1000 | 100 | 418.68 | 2258.36 | 2677.04 |
| 0.80 | 998.5 | 99 | 424.96 | 2235.75 | 2660.29 |
| 1.6 | 997 | 98.9 | 429.57 | 2223.19 | 2652.76 |
| 2.4 | 996 | 97.3 | 434.17 | 2213.14 | 2647.73 |
| 5.62 | 990 | 94.4 | 448.82 | 2169.18 | 2618.01 |
| 11.3 | 982 | 90.7 | 438.78 | 2090.89 | 2529.66 |
| 19.6 | 972 | 87.2 | 420.35 | 1977.01 | 2397.36 |
| 24.99 | 968 | 86.1 | 414.49 | 1930.95 | 2345.45 |
| 29.86 | 958 | 84.6 | 404.86 | 1836.75 | 2241.61 |
| 31.62 | 955 | 84.3 | 402.35 | 1812.47 | 2214.62 |
| 33.39 | 952 | 84.1 | 399.84 | 1788.18 | 2188.02 |
| 35.18 | 949 | 83.8 | 397.32 | 1763.90 | 2162.23 |
| 36.99 | 946 | 83.5 | 393.98 | 1738.78 | 2132.76 |
| 38.82 | 942 | 83.3 | 391.05 | 1713.66 | 2104.70 |
| 40.66 | 938 | 83 | 386.86 | 1688.54 | 2075.40 |
| 50.21 | 918 | 81.9 | 360.92 | 1557.49 | 1918.39 |
| 60.38 | 895 | 80.9 | 341.64 | 1418.07 | 1759.71 |
| 75.91 | 859 | 79.7 | 321.55 | 1205.38 | 1526.93 |
| 85.76 | 834 | 79.1 | 269.21 | 1070.15 | 1339.78 |
| 91.08 | 820 | 78.5 | 249.95 | 997.30 | 1247.25 |
| 93.89 | 812 | 78.3 | 243.67 | 958.78 | 1202.45 |
| 98.84 | 804 | 78.25 | 238.23 | 918.17 | 1156.81 |
| 100 | 794 | 78.25 | 234.04 | 875.04 | 1109.08 |

### 3.5 10~70℃乙醇-水溶液的密度

kg/m³

| 乙醇质量 分数/% | 温度/℃ | | | | | |
|---|---|---|---|---|---|---|
| | 10 | 20 | 30 | 40 | 50 | 60 | 70 |
| 8.01 | 990 | 980 | 980 | 970 | 970 | 960 | 960 |
| 16.21 | 980 | 970 | 960 | 960 | 950 | 940 | 920 |
| 24.61 | 970 | 960 | 950 | 940 | 930 | 930 | 910 |
| 33.30 | 950 | 950 | 930 | 920 | 910 | 900 | 890 |
| 42.43 | 940 | 930 | 910 | 900 | 890 | 880 | 870 |
| 52.09 | 910 | 910 | 880 | 870 | 870 | 860 | 850 |
| 62.39 | 890 | 880 | 860 | 860 | 840 | 830 | 820 |
| 73.48 | 870 | 860 | 830 | 830 | 820 | 810 | 800 |
| 85.66 | 840 | 830 | 810 | 800 | 790 | 780 | 770 |
| 100.00 | 800 | 790 | 780 | 770 | 760 | 760 | 750 |

## 附录 4　常见物质的物性共线图

### 4.1　气体黏度共线图（常压下用）

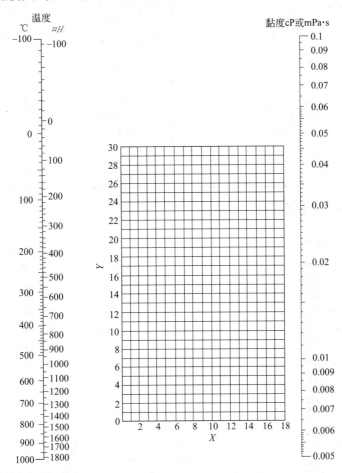

气体黏度共线图坐标值：

| 序号 | 气　　体 | $X$ | $Y$ | 序号 | 气　　体 | $X$ | $Y$ |
|---|---|---|---|---|---|---|---|
| 1 | 乙酸 | 7.7 | 14.3 | 16 | 氰 | 9.2 | 15.2 |
| 2 | 丙酮 | 8.9 | 13.0 | 17 | 环己烷 | 9.2 | 12.0 |
| 3 | 乙炔 | 9.8 | 14.9 | 18 | 乙烷 | 9.1 | 14.5 |
| 4 | 空气 | 11.0 | 20.0 | 19 | 乙酸乙酯 | 8.5 | 13.2 |
| 5 | 氨 | 8.4 | 16.0 | 20 | 乙醇 | 9.2 | 14.2 |
| 6 | 氩 | 10.5 | 22.4 | 21 | 氯乙烷 | 8.5 | 15.6 |
| 7 | 苯 | 8.5 | 13.2 | 22 | 乙醚 | 8.9 | 13.0 |
| 8 | 溴 | 8.9 | 19.2 | 23 | 乙烯 | 9.5 | 15.1 |
| 9 | 丁烯 (butene) | 9.2 | 13.7 | 24 | 氟 | 7.3 | 23.8 |
| 10 | 丁烷 (butylene) | 8.9 | 13.0 | 25 | 氟里昂-11 | 10.6 | 15.1 |
| 11 | 二氧化碳 | 9.5 | 18.7 | 26 | 氟里昂-12 | 11.1 | 16.0 |
| 12 | 二硫化碳 | 8.0 | 16.0 | 27 | 氟里昂-21 | 10.8 | 15.3 |
| 13 | 一氧化碳 | 11.0 | 20.0 | 28 | 氟里昂-22 | 10.1 | 17.0 |
| 14 | 氯 | 9.0 | 18.4 | 29 | 氟里昂-113 | 11.3 | 14.0 |
| 15 | 三氯甲烷 | 8.9 | 15.7 | 30 | 氦 | 10.9 | 20.5 |

续表

| 序号 | 气　体 | X | Y | 序号 | 气　体 | X | Y |
|---|---|---|---|---|---|---|---|
| 31 | 己烷 | 8.6 | 11.8 | 44 | 氮 | 10.6 | 20.0 |
| 32 | 氢 | 11.2 | 12.4 | 45 | 亚硝酰氯 | 8.0 | 17.6 |
| 33 | $3H_2+1N_2$ | 11.2 | 17.2 | 46 | 一氧化二氮 | 8.8 | 19.0 |
| 34 | 溴化氢 | 8.8 | 20.9 | 47 | 氧 | 11.0 | 21.3 |
| 35 | 氯化氢 | 8.8 | 18.7 | 48 | 戊烷 | 7.0 | 12.8 |
| 36 | 氰化氢 | 9.8 | 14.9 | 49 | 丙烷 | 9.7 | 12.9 |
| 37 | 碘化氢 | 9.0 | 21.3 | 50 | 丙醇 | 8.4 | 13.4 |
| 38 | 硫化氢 | 8.6 | 18.0 | 51 | 丙烯 | 9.0 | 13.8 |
| 39 | 碘 | 9.0 | 18.4 | 52 | 二氧化硫 | 9.6 | 17.0 |
| 40 | 水银 | 5.3 | 22.9 | 53 | 甲苯 | 8.6 | 12.4 |
| 41 | 甲烷 | 9.9 | 15.5 | 54 | 2,3,3-三甲(基)丁烷 | 9.5 | 10.5 |
| 42 | 甲醇 | 8.5 | 15.6 | 55 | 水 | 8.0 | 16.0 |
| 43 | 一氧化氮 | 10.9 | 20.5 | 56 | 氙 | 9.3 | 23.0 |

## 4.2　液体黏度共线图

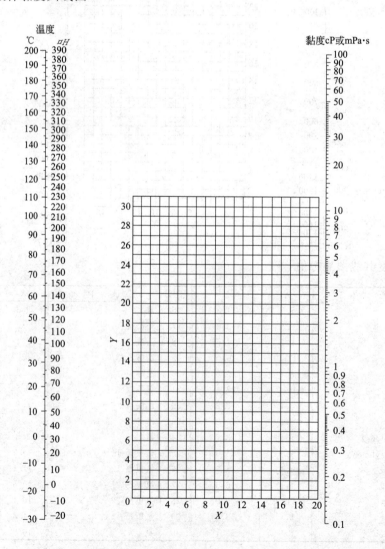

液体黏度共线图坐标值：

| 序号 | 液体（质量分数） | X | Y | 序号 | 液体（质量分数） | X | Y |
|---|---|---|---|---|---|---|---|
| 1 | 乙醛 | 15.2 | 14.8 | 55 | 氟里昂-21 | 15.7 | 7.5 |
| 2 | 乙酸（100%） | 12.1 | 14.2 | 56 | 氟里昂-22 | 17.2 | 4.7 |
| 3 | 乙酸（70%） | 9.5 | 17 | 57 | 氟里昂-113 | 12.5 | 11.4 |
| 4 | 乙酸酐 | 12.7 | 12.8 | 58 | 甘油（100%） | 2 | 30 |
| 5 | 丙酮（100%） | 14.5 | 7.2 | 59 | 甘油（50%） | 6.9 | 19.6 |
| 6 | 丙酮（35%） | 7.9 | 15 | 60 | 庚烷 | 14.1 | 8.4 |
| 7 | 丙烯醇 | 10.2 | 14.3 | 61 | 己烷 | 14.7 | 7 |
| 8 | 氨（100%） | 12.6 | 2 | 62 | 盐酸（31.5%） | 13 | 16.6 |
| 9 | 氨（26%） | 10.1 | 13.9 | 63 | 异丁醇 | 7.1 | 18 |
| 10 | 乙酸戊酯 | 11.8 | 12.5 | 64 | 异丁酸 | 12.2 | 14.4 |
| 11 | 戊醇 | 7.5 | 18.4 | 65 | 异丙醇 | 8.2 | 16 |
| 12 | 苯胺 | 8.1 | 18.7 | 66 | 煤油 | 10.2 | 16.9 |
| 13 | 苯甲醚 | 12.3 | 13.5 | 67 | 粗亚麻仁油 | 7.5 | 27.2 |
| 14 | 三氯化砷 | 13.9 | 14.5 | 68 | 水银 | 18.4 | 16.4 |
| 15 | 苯 | 12.5 | 10.9 | 69 | 甲醇（100%） | 12.4 | 10.5 |
| 16 | 氯化钙盐水（25%） | 6.6 | 15.9 | 70 | 甲醇（90%） | 12.3 | 11.8 |
| 17 | 氯化钠盐水（25%） | 10.2 | 16.6 | 71 | 甲醇（40%） | 7.8 | 15.5 |
| 18 | 溴 | 14.2 | 13.2 | 72 | 乙酸甲酯 | 14.2 | 8.2 |
| 19 | 溴甲苯 | 20 | 15.9 | 73 | 氯甲烷 | 15 | 3.8 |
| 20 | 乙酸丁酯 | 12.3 | 11 | 74 | 丁酮 | 13.9 | 8.6 |
| 21 | 丁醇 | 8.6 | 17.2 | 75 | 萘 | 7.9 | 18.1 |
| 22 | 丁酸 | 12.1 | 5.3 | 76 | 硝酸（95%） | 12.8 | 13.8 |
| 23 | 二氯化碳 | 11.6 | 0.3 | 77 | 硝酸（60%） | 10.8 | 17 |
| 24 | 二硫化碳 | 16.1 | 7.5 | 78 | 硝基苯 | 10.6 | 16.2 |
| 25 | 四氯化碳 | 12.7 | 13.1 | 79 | 硝基甲苯 | 11 | 17 |
| 26 | 氯苯 | 12.3 | 12.4 | 80 | 辛烷 | 13.7 | 10 |
| 27 | 三氯甲烷 | 14.4 | 10.2 | 81 | 辛醇 | 6.6 | 21.1 |
| 28 | 氯磺酸 | 11.2 | 18.1 | 82 | 五氯乙烷 | 10.9 | 17.3 |
| 29 | 氯甲苯（邻位） | 13 | 13.3 | 83 | 戊烷 | 14.9 | 5.2 |
| 30 | 氯甲苯（间位） | 13.3 | 12.5 | 84 | 酚 | 6.9 | 20.8 |
| 31 | 氯甲苯（对位） | 13.5 | 12.5 | 85 | 三溴化磷 | 13.8 | 16.7 |
| 32 | 甲酚（间位） | 2.5 | 20.8 | 86 | 三氯化磷 | 16.2 | 10.9 |
| 33 | 环己醇 | 2.9 | 24.3 | 87 | 丙酸 | 12.8 | 13.8 |
| 34 | 二溴乙烷 | 12.7 | 15.8 | 88 | 丙醇 | 9.1 | 16.5 |
| 35 | 二氯乙烷 | 13.2 | 12.2 | 89 | 溴丙烷 | 14.5 | 9.6 |
| 36 | 二氯甲烷 | 14.6 | 8.9 | 90 | 氯丙烷 | 14.4 | 7.5 |
| 37 | 草酸乙酯 | 11 | 16.4 | 91 | 碘丙烷 | 14.1 | 11.6 |
| 38 | 草酸二甲酯 | 12.3 | 15.8 | 92 | 钠 | 16.4 | 13.9 |
| 39 | 联苯 | 12 | 18.3 | 93 | 氢氧化钠（50%） | 3.2 | 25.8 |
| 40 | 草酸二丙酯 | 10.3 | 17.7 | 94 | 四氯化锡 | 13.5 | 12.8 |
| 41 | 乙酸乙酯 | 13.7 | 9.1 | 95 | 二氧化硫 | 15.2 | 7.1 |
| 42 | 乙醇 | 10.5 | 13.8 | 96 | 硫酸（110%） | 7.2 | 27.4 |
| 43 | 乙醇（95%） | 9.8 | 14.3 | 97 | 硫酸（98%） | 7 | 24.8 |
| 44 | 乙醇（40%） | 6.5 | 16.6 | 98 | 硫酸（60%） | 10.2 | 21.3 |
| 45 | 乙苯 | 13.2 | 11.5 | 99 | 二氯二氧化硫 | 15.2 | 12.4 |
| 46 | 溴乙烷 | 14.5 | 8.1 | 100 | 四氯乙烷 | 11.9 | 15.7 |
| 47 | 氯乙烷 | 14.8 | 6 | 101 | 四氯乙烯 | 14.2 | 12.7 |
| 48 | 乙醚 | 14.5 | 5.3 | 102 | 四氯化钛 | 14.4 | 12.3 |
| 49 | 甲酸乙酯 | 14.2 | 8.4 | 103 | 甲苯 | 13.7 | 10.4 |
| 50 | 碘乙烷 | 14.7 | 10.3 | 104 | 三氯乙烯 | 14.8 | 10.5 |
| 51 | 乙二醇 | 6 | 23.6 | 105 | 松节油 | 11.5 | 14.9 |
| 52 | 甲酸 | 10.7 | 15.8 | 106 | 乙酸乙烯酯 | 14 | 8.8 |
| 53 | 氟里昂-11 | 14.4 | 9 | 107 | 水 | 10.2 | 13 |
| 54 | 氟里昂-12 | 16.8 | 5.6 | | | | |

### 4.3 气体比热容共线图

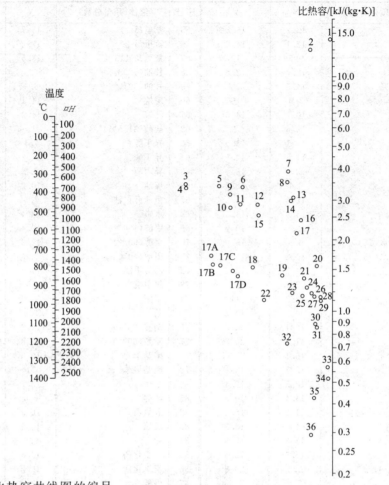

气体比热容共线图的编号：

| 编号 | 气 体 | 温度范围/℃ | 编号 | 气 体 | 温度范围/℃ |
|---|---|---|---|---|---|
| 10 | 乙炔 | 0～200 | 1 | 氢 | 0～600 |
| 15 | 乙炔 | 200～400 | 2 | 氢 | 600～1400 |
| 16 | 乙炔 | 400～1400 | 35 | 溴化氢 | 0～1400 |
| 27 | 空气 | 0～1400 | 30 | 氯化氢 | 0～1400 |
| 12 | 氨 | 0～600 | 20 | 氟化氢 | 0～1400 |
| 14 | 氨 | 600～1400 | 36 | 碘化氢 | 0～1400 |
| 18 | 二氧化碳 | 0～400 | 19 | 硫化氢 | 0～700 |
| 24 | 二氧化碳 | 400～1400 | 21 | 硫化氢 | 700～1400 |
| 26 | 一氧化碳 | 0～1400 | 5 | 甲烷 | 0～300 |
| 32 | 氯 | 0～200 | 6 | 甲烷 | 300～700 |
| 34 | 氯 | 200～1400 | 7 | 甲烷 | 700～1400 |
| 3 | 乙烷 | 0～200 | 25 | 一氧化氮 | 0～700 |
| 9 | 乙烷 | 200～600 | 28 | 一氧化氮 | 700～1400 |
| 8 | 乙烷 | 600～1400 | 26 | 氮 | 0～1400 |
| 4 | 乙烯 | 0～200 | 23 | 氧 | 0～500 |
| 11 | 乙烯 | 200～600 | 29 | 氧 | 500～1400 |
| 13 | 乙烯 | 600～1400 | 33 | 硫 | 300～1400 |
| 17B | 氟里昂-11（$CCl_3F$） | 0～150 | 22 | 二氧化硫 | 0～400 |
| 17C | 氟里昂-21（$CHCl_2F$） | 0～150 | 31 | 二氧化硫 | 400～1400 |
| 17A | 氟里昂-22（$CHClF_2$） | 0～150 | 17 | 水 | 0～1400 |
| 17D | 氟里昂-113（$CCl_2F\text{-}CClF_2$） | 0～150 | | | |

## 4.4 液体比热容共线图

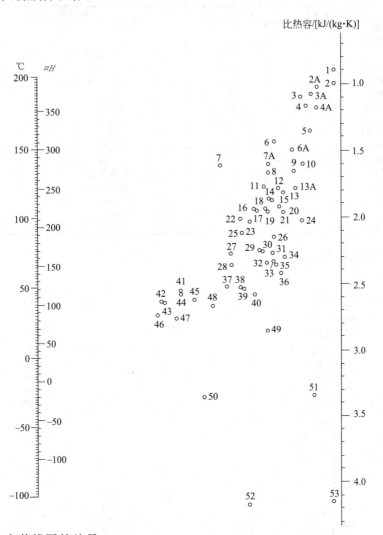

液体比热容共线图的编号：

| 编　号 | 液体(质量分数) | 温度范围/℃ | 编　号 | 液体(质量分数) | 温度范围/℃ |
|---|---|---|---|---|---|
| 29 | 乙酸(100%) | 0~80 | 4 | 三氯甲烷 | 0~50 |
| 32 | 丙酮 | 20~50 | 21 | 癸烷 | −80~25 |
| 52 | 氨 | −70~50 | 6A | 二氯乙烷 | −30~60 |
| 37 | 戊醇 | −60~25 | 5 | 二氯甲烷 | −40~50 |
| 26 | 乙酸戊酯 | 0~100 | 15 | 联苯 | 80~120 |
| 30 | 苯胺 | 0~130 | 22 | 二丙甲烷 | 30~100 |
| 23 | 苯 | 10~80 | 16 | 二苯醚 | 0~200 |
| 27 | 苯甲醇 | −20~30 | 16 | 道舍姆(联苯-联苯醚) | 0~200 |
| 10 | 苯甲基氯 | −30~30 | 24 | 乙酸乙酯 | −50~25 |
| 49 | CaCl₂(25%) | −40~20 | 42 | 乙醇(100%) | 30~80 |
| 51 | NaCl 盐水(25%) | −40~20 | 46 | 乙醇(95%) | 20~80 |
| 44 | 丁醇 | 0~100 | 50 | 乙醇(50%) | 20~80 |
| 2 | 二硫化碳 | −100~25 | 4A | 氟里昂-21(CHCl₂F) | −20~70 |
| 3 | 四氯化碳 | 10~60 | 7A | 氟里昂-22(CHClF₂) | −20~60 |
| 8 | 氯苯 | 0~100 | 3A | 氟里昂-113(Cl₂F-CClF₂) | −20~70 |

续表

| 编　号 | 液体(质量分数) | 温度范围/℃ | 编　号 | 液体(质量分数) | 温度范围/℃ |
|---|---|---|---|---|---|
| 35 | 己烷 | −80～20 | 23 | 甲苯 | 0～60 |
| 41 | 异戊醇 | 10～100 | 53 | 水 | −10～200 |
| 43 | 异丁醇 | 0～100 | 19 | 二甲苯(邻位) | 0～100 |
| 47 | 异丙醇 | −20～50 | 18 | 二甲苯(间位) | 0～100 |
| 31 | 异丙醚 | −80～20 | 17 | 二甲苯(对位) | 0～100 |
| 40 | 甲醇 | −40～20 | 25 | 乙苯 | 0～100 |
| 13A | 氯甲烷 | −80～20 | 1 | 溴乙烷 | 5～25 |
| 14 | 萘 | 90～200 | 13 | 氯乙烷 | −30～40 |
| 12 | 硝基苯 | 0～100 | 36 | 乙醚 | −100～25 |
| 34 | 壬烷 | −50～125 | 7 | 碘乙烷 | 0～100 |
| 33 | 辛烷 | −50～25 | 39 | 乙二醇 | −40～200 |
| 3 | 过氯乙烯 | −30～140 | 2A | 氟里昂-11 | −20～70 |
| 45 | 丙醇 | −20～100 | 6 | 氟里昂-12 | −40～15 |
| 20 | 吡啶 | −51～25 | 38 | 三元醇 | −40～20 |
| 9 | 硫酸(98%) | 10～45 | 28 | 庚烷 | 0～60 |
| 11 | 二氧化硫 | −20～100 | 48 | 盐酸(20%) | 20～100 |

## 4.5　液体汽化热共线图

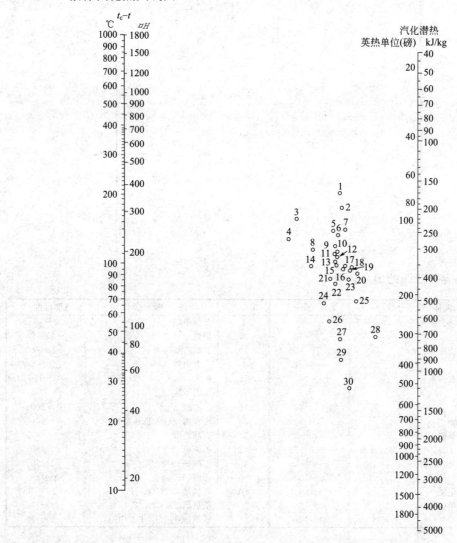

液体汽化热共线图的编号：

| 编号 | 化合物 | 温度范围<br>$(t_c-t)/℃$ | 临界温度<br>$t_c/℃$ | 编号 | 化合物 | 温度范围<br>$(t_c-t)/℃$ | 临界温度<br>$t_c/℃$ |
|---|---|---|---|---|---|---|---|
| 18 | 乙酸 | 100～225 | 321 | 2 | 氟里昂-12 | 40～200 | 111 |
| 22 | 丙酮 | 120～210 | 235 | 5 | 氟里昂-21 | 70～250 | 178 |
| 29 | 氨 | 50～200 | 133 | 6 | 氟里昂-22 | 50～170 | 96 |
| 13 | 苯 | 10～400 | 289 | 1 | 氟里昂-113 | 90～250 | 214 |
| 16 | 丁烷 | 90～200 | 153 | 10 | 庚烷 | 20～300 | 267 |
| 21 | 二氧化碳 | 10～100 | 31 | 11 | 己烷 | 50～225 | 235 |
| 4 | 二硫化碳 | 140～275 | 273 | 15 | 异丁烷 | 80～200 | 134 |
| 2 | 四氯化碳 | 30～250 | 283 | 27 | 甲醇 | 40～250 | 240 |
| 7 | 三氯甲烷 | 140～275 | 263 | 20 | 氯甲烷 | 0～250 | 143 |
| 8 | 二氯甲烷 | 150～250 | 216 | 19 | 一氧化二氮 | 25～150 | 36 |
| 3 | 联苯 | 175～400 | 5 | 9 | 辛烷 | 30～300 | 296 |
| 25 | 乙烷 | 25～150 | 32 | 12 | 戊烷 | 20～200 | 197 |
| 26 | 乙醇 | 20～140 | 243 | 23 | 丙烷 | 40～200 | 96 |
| 28 | 乙醇 | 140～300 | 243 | 24 | 丙醇 | 20～200 | 264 |
| 17 | 氯乙烷 | 100～250 | 187 | 14 | 二氧化硫 | 90～160 | 157 |
| 13 | 乙醚 | 10～400 | 194 | 30 | 水 | 100～500 | 374 |
| 2 | 氟里昂-11 | 70～250 | 198 | | | | |

## 4.6 液体表面张力共线图

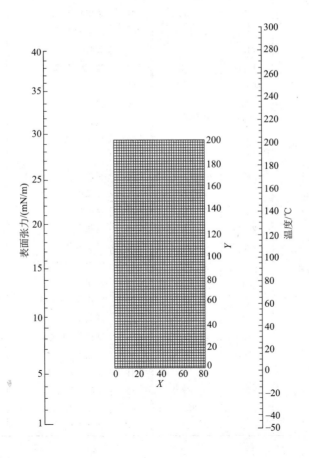

液体表面张力共线图的坐标值：

| 序号 | 液体名称 | X | Y | 序号 | 液体名称 | X | Y |
|---|---|---|---|---|---|---|---|
| 1 | 环氧乙烷 | 42 | 83 | 43 | 丙胺 | 25.5 | 87.2 |
| 2 | 乙苯 | 22 | 118 | 44 | 对异丙基甲苯 | 12.8 | 121.2 |
| 3 | 乙胺 | 11.2 | 83 | 45 | 丙酮 | 28 | 91 |
| 4 | 乙硫醇 | 35 | 81 | 46 | 异丙醇 | 12 | 111.5 |
| 5 | 乙醇 | 10 | 97 | 47 | 丙醇 | 8.2 | 105.2 |
| 6 | 乙醚 | 27.5 | 64 | 48 | 丙酸 | 17 | 112 |
| 7 | 乙醛 | 33 | 78 | 49 | 丙酸乙酯 | 22.6 | 97 |
| 8 | 乙醛肟 | 23.5 | 127 | 50 | 丙酸甲酯 | 29 | 95 |
| 9 | 乙醛胺 | 17 | 192.5 | 51 | 二乙(基)酮 | 20 | 101 |
| 10 | 二乙醇缩乙醛 | 19 | 88 | 52 | 异戊醇 | 6 | 106.8 |
| 11 | 间二甲苯 | 20.5 | 118 | 53 | 四氯化碳 | 26 | 104.5 |
| 12 | 对二甲苯 | 19 | 117 | 54 | 辛烷 | 17.7 | 90 |
| 13 | 二甲胺 | 16 | 66 | 55 | 亚硝酰氯 | 38.5 | 93 |
| 14 | 二甲醇 | 44 | 37 | 56 | 苯 | 30 | 110 |
| 15 | 1,2-二氯乙烯 | 32 | 122 | 57 | 苯乙酮 | 18 | 163 |
| 16 | 二硫化碳 | 25.8 | 117.2 | 58 | 苯乙醚 | 20 | 134.2 |
| 17 | 丁酮 | 23.6 | 97 | 59 | 苯二乙胺 | 17 | 142.6 |
| 18 | 丁醇 | 9.6 | 107.5 | 60 | 苯二甲胺 | 20 | 149 |
| 19 | 异丁醇 | 5 | 103 | 61 | 苯甲醚 | 24.4 | 138.9 |
| 20 | 丁酸 | 14.5 | 115 | 62 | 苯甲酸乙酯 | 14.8 | 151 |
| 21 | 异丁酸 | 14.8 | 107.4 | 63 | 苯胺 | 22.9 | 171.8 |
| 22 | 丁酸乙酯 | 17.5 | 102 | 64 | 苯(基)甲胺 | 25 | 156 |
| 23 | 丁(异)酸乙酯 | 20.9 | 93.7 | 65 | 苯酚 | 20 | 163 |
| 24 | 丁酸甲酯 | 25 | 88 | 66 | 胺 | 56.2 | 63.5 |
| 25 | 丁(异)酸甲酯 | 24 | 93.8 | 67 | 氧化亚氮 | 62.5 | 0.5 |
| 26 | 三乙胺 | 20.1 | 83.9 | 68 | 草酸乙二酯 | 20.5 | 130.8 |
| 27 | 三甲胺 | 21 | 57.6 | 69 | 氯 | 45.5 | 59.2 |
| 28 | 1,3,5-三甲苯 | 17 | 119.8 | 70 | 氯仿 | 32 | 101.3 |
| 29 | 三苯甲烷 | 2.5 | 182.7 | 71 | 对氯甲苯 | 18.7 | 134 |
| 30 | 三氯乙醛 | 30 | 113 | 72 | 氯甲烷 | 45.8 | 53.2 |
| 31 | 三聚乙醛 | 22.3 | 103.8 | 73 | 氯苯 | 23.5 | 132.5 |
| 32 | 己烷 | 22.7 | 72.2 | 74 | 对氯溴苯 | 14 | 162 |
| 33 | 六氢吡啶 | 24.7 | 120 | 75 | 氮甲苯(吡啶) | 34 | 138.2 |
| 34 | 甲苯 | 24 | 113 | 76 | 氰化乙烷(丙腈) | 23 | 108.6 |
| 35 | 甲胺 | 42 | 58 | 77 | 氰化丙烷(丁腈) | 20.3 | 113 |
| 36 | 间甲酚 | 13 | 161.2 | 78 | 氰化甲烷(乙腈) | 33.5 | 111 |
| 37 | 对甲酚 | 11.5 | 60.5 | 79 | 氰化苯(苯腈) | 19.5 | 153 |
| 38 | 邻甲酚 | 20 | 161 | 80 | 氰化氢 | 30.6 | 66 |
| 39 | 甲醇 | 17 | 93 | 81 | 硫酸二乙酯 | 19.5 | 139.5 |
| 40 | 甲酸甲酯 | 38.5 | 88 | 82 | 硫酸二甲酯 | 23.5 | 158 |
| 41 | 甲酸乙酯 | 30.5 | 88.8 | 83 | 硝基乙烷 | 25.4 | 126.1 |
| 42 | 甲酸丙酯 | 24 | 97 | 84 | 硝基甲烷 | 30 | 139 |

### 4.7 有机液体相对密度共线图

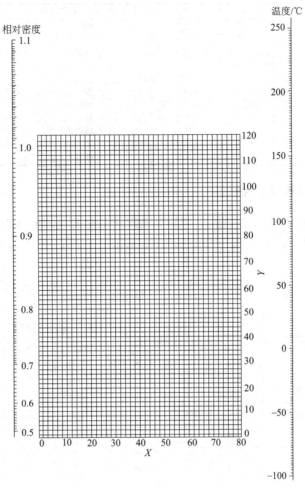

有机液体相对密度共线图的坐标值：

| 序号 | 有机液体 | X | Y | 序号 | 有机液体 | X | Y |
|------|----------|------|------|------|----------|------|------|
| 1 | 乙炔 | 20.8 | 10.1 | 20 | 三乙胺 | 17.9 | 37 |
| 2 | 乙烷 | 10.8 | 4.4 | 21 | 三氯化磷 | 38 | 22.1 |
| 3 | 乙烯 | 17 | 3.5 | 22 | 己烷 | 13.5 | 27 |
| 4 | 乙醇 | 24.2 | 48.6 | 23 | 壬烷 | 16.2 | 36.5 |
| 5 | 乙醚 | 22.6 | 35.8 | 24 | 六氢吡啶 | 27.5 | 60 |
| 6 | 乙丙醚 | 20 | 37 | 25 | 甲乙醚 | 25 | 34.4 |
| 7 | 乙硫醇 | 32 | 55.5 | 26 | 甲醇 | 25.8 | 49.1 |
| 8 | 乙硫醚 | 25.7 | 55.3 | 27 | 甲硫醇 | 37.3 | 59.6 |
| 9 | 二乙胺 | 17.8 | 33.5 | 28 | 甲硫醚 | 31.9 | 57.4 |
| 10 | 二氧化碳 | 78.6 | 45.4 | 29 | 甲醚 | 27.2 | 30.1 |
| 11 | 异丁烷 | 13.7 | 16.5 | 30 | 甲酸甲酯 | 46.4 | 74.6 |
| 12 | 丁酸 | 31.3 | 78.7 | 31 | 甲酸乙酯 | 37.6 | 68.4 |
| 13 | 丁酸甲酯 | 31.5 | 65.5 | 32 | 甲酸丙酯 | 33.8 | 66.7 |
| 14 | 异丁酸 | 31.5 | 75.9 | 33 | 丙烷 | 14.2 | 12.2 |
| 15 | 丁酸异甲酯 | 33 | 64.1 | 34 | 丙酮 | 26.1 | 47.8 |
| 16 | 十一烷 | 14.4 | 39.2 | 35 | 丙醇 | 23.8 | 50.8 |
| 17 | 十二烷 | 14.3 | 41.4 | 36 | 丙酸 | 35 | 83.5 |
| 18 | 十三烷 | 15.3 | 42.4 | 37 | 丙酸甲酯 | 36.5 | 68.3 |
| 19 | 十四烷 | 15.8 | 43.3 | 38 | 丙酸乙酯 | 32.1 | 63.9 |

续表

| 序号 | 有机液体 | $X$ | $Y$ | 序号 | 有机液体 | $X$ | $Y$ |
|------|---------|------|------|------|---------|------|------|
| 39 | 戊烷 | 12.6 | 22.6 | 50 | 氯甲烷 | 52.3 | 62.9 |
| 40 | 异戊烷 | 13.5 | 22.5 | 51 | 氯苯 | 41.7 | 105 |
| 41 | 辛烷 | 12.7 | 32.5 | 52 | 氰丙烷 | 20.1 | 44.6 |
| 42 | 庚烷 | 12.6 | 29.8 | 53 | 氰甲烷 | 21.8 | 44.9 |
| 43 | 苯 | 32.7 | 63 | 54 | 环己烷 | 19.6 | 44 |
| 44 | 苯酚 | 35.7 | 103.8 | 55 | 乙酸 | 40.6 | 93.5 |
| 45 | 苯胺 | 33.5 | 92.5 | 56 | 乙酸甲酯 | 40.1 | 70.3 |
| 46 | 氯苯 | 41.9 | 86.7 | 57 | 乙酸乙酯 | 35 | 65 |
| 47 | 癸烷 | 16 | 38.2 | 58 | 乙酸丙酯 | 33 | 65.5 |
| 48 | 氨 | 22.4 | 24.6 | 59 | 甲苯 | 27 | 61 |
| 49 | 氯乙烷 | 42.7 | 62.4 | 60 | 异戊醇 | 20.5 | 52 |

## 附录5　板式塔塔板结构参数

### 5.1　单流型整块式塔板的堰长、弓形宽及降液管总面积的推荐值

| $D$ | $D_1$ | | $l_w/D_1$ | | | | | 塔板结构型式 |
|-----|-------|---|------|------|------|------|------|------|
| | | | 0.6 | 0.65 | 0.7 | 0.75 | 0.8 | |
| 300 | 274 | $l_w$ | 164.4 | 178.1 | 191.8 | 205.5 | 219.2 | |
| | | $W_d$ | 21.4 | 26.9 | 33.2 | 40.4 | 48.8 | |
| | | $A_f$ | 20.9 | 29.2 | 39.7 | 52.8 | 69.3 | |
| | | $A_f/A_T$ | 0.0296 | 0.0413 | 0.0562 | 0.0747 | 0.0980 | |
| 350 | 324 | $l_w$ | 194.4 | 210.6 | 225.8 | 243 | 259.2 | 定距管支撑式 |
| | | $W_d$ | 26.4 | 32.9 | 40.3 | 48.8 | 58.8 | |
| | | $A_f$ | 31.1 | 43 | 57.9 | 76.4 | 100 | |
| | | $A_f/A_T$ | 0.0323 | 0.0447 | 0.0602 | 0.0794 | 0.1085 | |
| 400 | 374 | $l_w$ | 224.4 | 243.1 | 261.8 | 280.5 | 299.2 | |
| | | $W_d$ | 31.4 | 38.9 | 47.5 | 57.3 | 68.8 | |
| | | $A_f$ | 43.4 | 59.6 | 79.8 | 104.7 | 136.3 | |
| | | $A_f/A_T$ | 0.0345 | 0.0474 | 0.0635 | 0.0833 | 0.1085 | |
| 450 | 424 | $l_w$ | 254.4 | 275.6 | 296.8 | 318 | 339.2 | |
| | | $W_d$ | 36.4 | 44.9 | 54.6 | 65.8 | 78.8 | |
| | | $A_f$ | 57.7 | 78.8 | 104.7 | 137.3 | 178.1 | |
| | | $A_f/A_T$ | 0.0363 | 0.0495 | 0.0658 | 0.0863 | 0.1120 | |
| 500 | 474 | $l_w$ | 284.4 | 308.1 | 331.8 | 255.5 | 379.2 | 整块式塔板 |
| | | $W_d$ | 41.4 | 50.9 | 61.8 | 74.2 | 88.8 | |
| | | $A_f$ | 74.3 | 100.6 | 33.4 | 174 | 225.5 | |
| | | $A_f/A_T$ | 0.0378 | 0.0512 | 0.0379 | 0.0886 | 0.1148 | |
| 600 | 568 | $l_w$ | 340.8 | 369.2 | 397.6 | 426 | 454.4 | |
| | | $W_d$ | 50.8 | 62.2 | 75.2 | 90.1 | 107.6 | |
| | | $A_f$ | 110.7 | 148.8 | 196.4 | 255.4 | 329.7 | |
| | | $A_f/A_T$ | 0.0392 | 0.0526 | 0.0695 | 0.0903 | 0.1166 | |
| 700 | 668 | $l_w$ | 400.8 | 434.2 | 467.6 | 501 | 534.4 | 重叠式 |
| | | $W_d$ | 60.8 | 74.2 | 75.2 | 107 | 127.6 | |
| | | $A_f$ | 157.5 | 210.9 | 196.4 | 358.9 | 462.7 | |
| | | $A_f/A_T$ | 0.0409 | 0.0719 | 0.0695 | 0.0903 | 0.1202 | |
| 800 | 768 | $l_w$ | 460.8 | 499.2 | 537.6 | 576 | 614.4 | |
| | | $W_d$ | 70.8 | 86.2 | 102.8 | 124 | 147.6 | |
| | | $A_f$ | 212.3 | 283.2 | 371.2 | 480.3 | 617.2 | |
| | | $A_f/A_T$ | 0.0422 | 0.0563 | 0.0738 | 0.0956 | 0.1228 | |
| 900 | 868 | $l_w$ | 520.8 | 564.2 | 607.6 | 651 | 694.4 | |
| | | $W_d$ | 80.8 | 98.2 | 118.1 | 140.9 | 167.6 | |
| | | $A_f$ | 275.1 | 366.6 | 479.4 | 619.2 | 794.8 | |
| | | $A_f/A_T$ | 0.0432 | 0.0576 | 0.0754 | 0.0973 | 0.1249 | |

注：$D_1$—碳钢塔板塔板圈内径，mm；$D$—塔内径，mm；$l_w$—堰长，mm；$A_f$—降液管总面积，cm²；$A_T$—塔截面积，cm²；$W_d$—弓形宽，mm。$W_d$值按塔板圈内壁至降液管内壁的距离为6mm计算而得。

5.2 分块式单流型塔板的堰长、弓形宽及降液管总面积的推荐值

| 塔径 D | | $l_w/D$ | | | | | | | | | |
|---|---|---|---|---|---|---|---|---|---|---|---|
| | | 0.592 | 0.655 | 0.68 | 0.705 | 0.727 | 0.745 | 0.764 | 0.78 | 0.809 | 0.837 |
| | | $A_f/A_T$ | | | | | | | | | |
| | | 5% | 7% | 8% | 9% | 10% | 11% | 12% | 13% | 15% | 17% |
| 800 | $l_w$ | 474 | 524 | 544 | 564 | 582 | 596 | 611 | 624 | 648 | 670 |
| | $W_d$ | 78 | 98 | 107 | 116 | 124 | 134 | 142 | 150 | 166 | 181 |
| | $A_f$ | 251.3 | 351.8 | 402.1 | 452.3 | 502.7 | 552.9 | 603.2 | 653.5 | 754 | 854.5 |
| 1000 | $l_w$ | 592 | 655 | 680 | 705 | 727 | 745 | 764 | 780 | 810 | 837 |
| | $W_d$ | 97 | 122 | 134 | 146 | 155 | 167 | 178 | 188 | 207 | 226 |
| | $A_f$ | 392.7 | 549.5 | 628.3 | 706.9 | 785.4 | 863.9 | 942.4 | 1021 | 1178.1 | 1335.2 |
| 1200 | $l_w$ | 711 | 786 | 816 | 846 | 872 | 894 | 917 | 936 | 972 | 1064 |
| | $W_d$ | 117 | 147 | 161 | 175 | 186 | 200 | 214 | 226 | 248 | 271 |
| | $A_f$ | 565.5 | 791.7 | 904.8 | 1917.9 | 1131 | 1244.1 | 1357.2 | 1470.3 | 1696.5 | 1922.7 |
| 1400 | $l_w$ | 829 | 917 | 952 | 987 | 1018 | 1043 | 1069 | 1092 | 1134 | 1171.8 |
| | $W_d$ | 136 | 171 | 188 | 204 | 217 | 234 | 249 | 263 | 290 | 316 |
| | $A_f$ | 769.7 | 1007.6 | 1231.5 | 1385.4 | 1539.4 | 1693.3 | 1847.3 | 2001.2 | 2309.7 | 2617 |
| 1600 | $l_w$ | 947 | 1048 | 1088 | 1128 | 1163 | 1192 | 1222 | 1248 | 1296 | 1339 |
| | $W_d$ | 156 | 196 | 214 | 233 | 246 | 267 | 285 | 301 | 331 | 362 |
| | $A_f$ | 1005.3 | 1407.4 | 1608.4 | 1809.5 | 2010.6 | 2211.7 | 2412.7 | 2613.8 | 3015.9 | 3418 |
| 1800 | $l_w$ | 1066 | 1179 | 1224 | 1269 | 1309 | 1341 | 1375 | 1404 | 1458 | 1507 |
| | $W_d$ | 175 | 220 | 241 | 262 | 279 | 301 | 320 | 338 | 373 | 407 |
| | $A_f$ | 1272.3 | 1781.3 | 2035.7 | 2290.2 | 2544.7 | 2799.2 | 3053.6 | 3308.1 | 3817 | 4325.9 |
| 2000 | $l_w$ | 1184 | 1310 | 1360 | 1410 | 1454 | 1490 | 1528 | 1560 | 1620 | 1674 |
| | $W_d$ | 175 | 245 | 368 | 291 | 310 | 334 | 350 | 376 | 414 | 452 |
| | $A_f$ | 1570.8 | 2199 | 2513.3 | 2827.4 | 3141.6 | 3455.8 | 3769.9 | 4084.1 | 4712.4 | 5354 |
| 2200 | $l_w$ | 1303 | 1441 | 1496 | 1551 | 1599 | 1639 | 1682 | 1716 | 1782 | 1841 |
| | $W_d$ | 214 | 269 | 295 | 320 | 341 | 367 | 392 | 414 | 455 | 497 |
| | $A_f$ | 1900.7 | 2660.9 | 3041.1 | 3421.2 | 3801.3 | 4181.5 | 4561.6 | 4941.7 | 5702 | 6462.3 |
| 2400 | $l_w$ | 1421 | 1572 | 1632 | 1697 | 1745 | 1788 | 1834 | 1872 | 1944 | 2009 |
| | $W_d$ | 234 | 294 | 322 | 349 | 372 | 401 | 427 | 451 | 497 | 542 |
| | $A_f$ | 2261.9 | 3166.7 | 3619.1 | 4071.5 | 4523.9 | 4976.3 | 5428.7 | 5881.1 | 6785.8 | 7690.6 |

注：表中符号意义见5.1。

# 附录6 压力容器常用零部件

6.1 筒体（摘自 GB 9019—88）

按 GB 9019—88《压力容器公称直径》，筒体用钢板卷制时，公称直径按下表规定，此公称直径指筒体的内径。

| 公称直径/mm | | | | | | | | | |
|---|---|---|---|---|---|---|---|---|---|
| 300 | 350 | 400 | 450 | 500 | 550 | 600 | 650 | 700 | 750 |
| 800 | 900 | 1000 | 1100 | 1200 | 1300 | 1400 | 1500 | 1600 | 1700 |
| 1800 | 1900 | 2000 | 2100 | 2200 | 2300 | 2400 | 2500 | 2600 | 2800 |
| 3000 | 3200 | 3400 | 3500 | 3600 | 3800 | 4000 | 4200 | 4400 | 4500 |
| 4600 | 4800 | 5000 | 5200 | 5400 | 5500 | 5600 | 5800 | 6000 | — |

## 6.2　平焊法兰（摘自 GB 20593—1997）

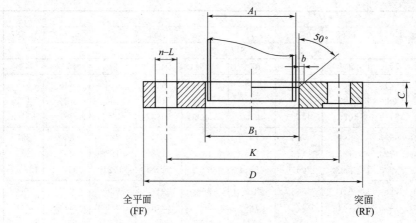

全平面 (FF)　　　　　　　　　突面 (RF)

### （1）*PN* 0.25MPa(2.5bar) 板式平焊钢制管法兰

mm

| 公称直径 DN | 管子外径 A₁ | | 连接尺寸 | | | | | 法兰厚度 | 法兰内径 B₁ | | 法兰理论重量 /kg |
|---|---|---|---|---|---|---|---|---|---|---|---|
| | A | B | 法兰外径 D | 螺栓孔中心圆直径 K | 螺栓孔直径 L | 螺栓孔数量 n | 螺纹法兰 | C | A | B | |
| 10 | 17.2 | 14 | 75 | 50 | 11 | 4 | M10 | 12 | 18 | 15 | 0.36 |
| 15 | 21.3 | 18 | 80 | 55 | 11 | 4 | M10 | 12 | 22 | 19 | 0.41 |
| 20 | 26.9 | 25 | 90 | 65 | 11 | 4 | M10 | 14 | 27.5 | 26 | 0.6 |
| 25 | 33.7 | 32 | 100 | 75 | 11 | 4 | M10 | 14 | 34.5 | 33 | 0.73 |
| 32 | 42.4 | 38 | 120 | 90 | 14 | 4 | M12 | 16 | 43.5 | 39 | 1.19 |
| 40 | 48.3 | 45 | 130 | 100 | 14 | 4 | M12 | 16 | 49.5 | 46 | 1.38 |
| 50 | 60.3 | 57 | 140 | 110 | 14 | 4 | M12 | 16 | 61.5 | 59 | 1.51 |
| 65 | 76.1 | 76 | 160 | 130 | 14 | 4 | M12 | 16 | 77.5 | 78 | 1.85 |
| 80 | 88.9 | 89 | 190 | 150 | 18 | 4 | M16 | 18 | 90.5 | 91 | 2.94 |
| 100 | 114.3 | 108 | 210 | 170 | 18 | 4 | M16 | 18 | 116 | 110 | 3.41 |
| 125 | 139.7 | 133 | 240 | 200 | 18 | 8 | M16 | 20 | 141.5 | 135 | 4.53 |
| 150 | 168.3 | 159 | 265 | 225 | 18 | 8 | M16 | 20 | 170.5 | 161 | 5.14 |
| 200 | 219.1 | 219 | 320 | 280 | 18 | 8 | M16 | 22 | 221.5 | 222 | 6.85 |
| 250 | 273 | 273 | 375 | 335 | 18 | 12 | M16 | 24 | 276.5 | 276 | 8.96 |
| 300 | 323.9 | 325 | 440 | 395 | 22 | 12 | M20 | 24 | 327.5 | 328 | 11.9 |
| 350 | 355.6 | 377 | 490 | 445 | 22 | 12 | M20 | 26 | 359.5 | 381 | 14.3 |
| 400 | 406.4 | 426 | 540 | 495 | 22 | 16 | M20 | 28 | 411 | 430 | 17.1 |
| 450 | 457 | 480 | 595 | 550 | 22 | 16 | M20 | 30 | 462 | 485 | 20.5 |
| 500 | 508 | 530 | 645 | 600 | 22 | 20 | M20 | 32 | 513.5 | 535 | 23.7 |
| 600 | 610 | 630 | 755 | 705 | 26 | 20 | M24 | 36 | 616.5 | 36 | 33.7 |
| 700 | 711 | 720 | 860 | 810 | 26 | 24 | M24 | 36 | 715 | 724 | 44.2 |
| 800 | 813 | 820 | 975 | 920 | 30 | 24 | M27 | 38 | 817 | 824 | 58.6 |
| 900 | 914 | 920 | 1075 | 1020 | 30 | 24 | M27 | 40 | 918 | 924 | 69.1 |
| 1000 | 1016 | 1020 | 1175 | 1120 | 30 | 28 | M27 | 42 | 1020 | 1024 | 79.4 |
| 1200 | 1219 | 1220 | 1375 | 1320 | 30 | 32 | M27 | 44 | 1223 | 1224 | 98.6 |
| 1400 | 1422 | 1420 | 1575 | 1520 | 30 | 36 | M27 | 48 | 1426 | 1424 | 124.4 |
| 1600 | 1626 | 1620 | 1790 | 1730 | 30 | 40 | M27 | 51 | 1630 | 1624 | 166.8 |
| 1800 | 1829 | 1820 | 1990 | 1930 | 30 | 44 | M27 | 54 | 1833 | 1824 | 197.5 |
| 2000 | 2032 | 2020 | 2190 | 2130 | 30 | 48 | M27 | 58 | 2036 | 2024 | 234.6 |

（2）*PN* 0.6MPa(6bar) 板式平焊钢制管法兰

mm

| 公称直径 DN | 管子外径 $A_1$ | | 连接尺寸 | | | | | 法兰厚度 C | 法兰内径 $B_1$ | | 坡口宽度 b | 法兰理论重量 /kg |
|---|---|---|---|---|---|---|---|---|---|---|---|---|
| | A | B | 法兰外径 D | 螺栓孔中心圆直径 K | 螺栓孔直径 L | 螺栓孔数量 n | 螺纹法兰 | | A | B | | |
| 10 | 17.2 | 14 | 75 | 50 | 11 | 4 | M10 | 12 | 18 | 15 | | 0.36 |
| 15 | 21.3 | 18 | 80 | 55 | 11 | 4 | M10 | 12 | 22 | 19 | | 0.41 |
| 20 | 26.9 | 25 | 90 | 65 | 11 | 4 | M10 | 14 | 27.5 | 26 | | 0.6 |
| 25 | 33.7 | 32 | 100 | 75 | 11 | 4 | M10 | 14 | 34.5 | 33 | | 0.73 |
| 32 | 42.4 | 38 | 120 | 90 | 14 | 4 | M12 | 16 | 43.5 | 39 | | 1.19 |
| 40 | 48.3 | 45 | 130 | 100 | 14 | 4 | M12 | 16 | 49.5 | 46 | | 1.38 |
| 50 | 60.3 | 57 | 140 | 110 | 14 | 4 | M12 | 16 | 61.5 | 59 | | 1.51 |
| 65 | 76.1 | 76 | 160 | 130 | 14 | 4 | M12 | 16 | 77.5 | 78 | | 1.85 |
| 80 | 88.9 | 89 | 190 | 150 | 18 | 4 | M16 | 18 | 90.5 | 91 | | 2.94 |
| 100 | 114.3 | 108 | 210 | 170 | 18 | 4 | M16 | 18 | 116 | 110 | | 3.41 |
| 125 | 139.7 | 133 | 240 | 200 | 18 | 8 | M16 | 20 | 141.5 | 135 | | 4.53 |
| 150 | 168.3 | 159 | 265 | 225 | 18 | 8 | M16 | 20 | 170.5 | 161 | | 5.14 |
| 200 | 219.1 | 219 | 320 | 280 | 18 | 8 | M16 | 22 | 221.5 | 222 | | 6.85 |
| 250 | 273 | 273 | 375 | 335 | 18 | 12 | M16 | 24 | 276.5 | 276 | | 8.96 |
| 300 | 323.9 | 325 | 440 | 395 | 22 | 12 | M20 | 24 | 327.5 | 328 | | 11.9 |
| 350 | 355.6 | 377 | 490 | 445 | 22 | 12 | M20 | 26 | 359.5 | 381 | | 14.3 |
| 400 | 406.4 | 426 | 540 | 495 | 22 | 16 | M20 | 28 | 411 | 430 | | 17.1 |
| 450 | 457 | 480 | 595 | 550 | 22 | 16 | M20 | 30 | 462 | 485 | | 20.5 |
| 500 | 508 | 530 | 645 | 600 | 22 | 20 | M20 | 32 | 513.5 | 535 | | 23.7 |
| 600 | 610 | 630 | 755 | 705 | 26 | 20 | M24 | 36 | 616.5 | 636 | | 33.7 |
| 700 | 711 | 720 | 860 | 810 | 26 | 24 | M24 | 40 | 715 | 724 | | 49.1 |
| 800 | 813 | 820 | 975 | 920 | 30 | 24 | M27 | 44 | 817 | 824 | | 67.8 |
| 900 | 914 | 920 | 1075 | 1020 | 30 | 24 | M27 | 48 | 918 | 924 | | 82.9 |
| 1000 | 1016 | 1020 | 1175 | 1120 | 30 | 28 | M27 | 52 | 1020 | 1024 | | 98.3 |
| 1200 | 1219 | 1220 | 1405 | 1340 | 33 | 32 | M30×2 | 60 | 1223 | 1224 | | 163.1 |
| 1400 | 1422 | 1420 | 1630 | 1560 | 36 | 36 | M33×2 | 68 | 1426 | 1424 | | 244.1 |
| 1600 | 1626 | 1620 | 1830 | 1760 | 36 | 40 | M33×2 | 76 | 1630 | 1624 | | 309 |
| 1800 | 1829 | 1820 | 2045 | 1970 | 39 | 44 | M36×3 | 84 | 1833 | 1824 | 17 | 408 |
| 2000 | 2032 | 2020 | 2265 | 2180 | 42 | 48 | M39×3 | 92 | 2036 | 2024 | 18 | 538 |

（3）*PN* 1.0MPa(10bar) 板式平焊钢制管法兰

mm

| 公称直径 DN | 管子外径 $A_1$ | | 连接尺寸 | | | | | 法兰厚度 C | 法兰内径 $B_1$ | | 法兰理论重量 /kg |
|---|---|---|---|---|---|---|---|---|---|---|---|
| | A | B | 法兰外径 D | 螺栓孔中心圆直径 K | 螺栓孔直径 L | 螺栓孔数量 n | 螺纹法兰 | | A | B | |
| 10 | 17.2 | 14 | 90 | 60 | 14 | 4 | M12 | 14 | 18 | 15 | 0.61 |
| 15 | 21.3 | 18 | 95 | 65 | 14 | 4 | M12 | 14 | 22 | 19 | 0.68 |
| 20 | 26.9 | 25 | 105 | 75 | 14 | 4 | M12 | 16 | 27.5 | 26 | 0.94 |
| 25 | 33.7 | 32 | 115 | 85 | 14 | 4 | M12 | 16 | 34.5 | 33 | 1.12 |
| 32 | 42.4 | 38 | 140 | 100 | 18 | 4 | M16 | 18 | 43.5 | 39 | 1.86 |
| 40 | 48.3 | 45 | 150 | 110 | 18 | 4 | M16 | 18 | 49.5 | 46 | 2.12 |
| 50 | 50.3 | 57 | 165 | 125 | 18 | 4 | M16 | 20 | 61.5 | 59 | 2.77 |
| 65 | 76.1 | 76 | 185 | 145 | 18 | 4 | M16 | 20 | 77.5 | 78 | 3.31 |

续表

| 公称直径 DN | 管子外径 A₁ | | 连接尺寸 | | | | | 法兰厚度 C | 法兰内径 B₁ | | 法兰理论重量 /kg |
|---|---|---|---|---|---|---|---|---|---|---|---|
| | A | B | 法兰外径 D | 螺栓孔中心圆直径 K | 螺栓孔直径 L | 螺栓孔数量 n | 螺纹法兰 | | A | B | |
| 80 | 88.9 | 89 | 200 | 160 | 18 | 8 | M16 | 20 | 90.5 | 91 | 3.59 |
| 100 | 114.3 | 108 | 220 | 180 | 18 | 8 | M16 | 22 | 116 | 110 | 4.57 |
| 125 | 139.7 | 133 | 250 | 210 | 18 | 8 | M16 | 22 | 141.5 | 135 | 5.65 |
| 150 | 168.3 | 159 | 285 | 240 | 22 | 8 | M20 | 24 | 170.5 | 161 | 7.61 |
| 200 | 219.1 | 219 | 340 | 295 | 22 | 8 | M20 | 24 | 221.5 | 222 | 9.24 |
| 250 | 273 | 273 | 395 | 350 | 22 | 12 | M20 | 26 | 276.5 | 276 | 11.9 |
| 300 | 323.9 | 325 | 445 | 400 | 22 | 12 | M20 | 28 | 327.5 | 328 | 14.6 |
| 350 | 355.6 | 377 | 505 | 460 | 22 | 16 | M20 | 30 | 359.5 | 381 | 18.9 |
| 400 | 406.4 | 426 | 565 | 515 | 26 | 16 | M24 | 32 | 411 | 430 | 24.4 |
| 450 | 457 | 480 | 615 | 565 | 26 | 20 | M24 | 35 | 462 | 485 | 27.9 |
| 500 | 508 | 530 | 670 | 620 | 26 | 20 | M24 | 38 | 513.5 | 535 | 34.9 |
| 600 | 610 | 630 | 780 | 725 | 30 | 20 | M24 | 42 | 616.5 | 636 | 48.1 |

### 6.3 椭圆形封头（摘自 JB/T 4737—95）

$DN\,2000mm$，$\delta_n=20mm$。材质为 16MnR 的标准椭圆形封头可标记为：EHA2600×20-16MnR JB/T 4737—95。

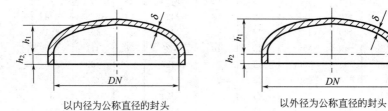

以内径为公称直径的封头　　　　　以外径为公称直径的封头

| 以内径为公称直径的封头 | | | | | | | |
|---|---|---|---|---|---|---|---|
| 公称直径 DN | 曲面高度 h₁ | 直边高度 h₂ | 厚度 δ | 公称直径 DN | 曲面高度 h₁ | 直边高度 h₂ | 厚度 δ |
| 300 | 75 | 25 | 4~8 | 650 | 162 | 25 | 4~8 |
| 350 | 88 | 25 | 4~8 | | | 40 | 10~18 |
| 400 | 100 | 25 | 4~8 | | | 50 | 20~24 |
| | | 40 | 10~16 | 700 | 175 | 25 | 4~8 |
| 450 | 112 | 25 | 4~8 | | | 40 | 10~18 |
| | | 40 | 10~18 | | | 50 | 20~24 |
| 500 | 125 | 25 | 4~8 | 750 | 188 | 25 | 4~8 |
| | | 40 | 10~18 | | | 40 | 10~18 |
| | | 50 | 20 | | | 50 | 20~26 |
| 550 | 137 | 25 | 4~8 | 800 | 200 | 25 | 4~8 |
| | | 40 | 10~18 | | | 40 | 10~18 |
| | | 50 | 20~22 | | | 50 | 20~26 |
| 600 | 150 | 25 | 4~8 | 900 | 225 | 25 | 4~8 |
| | | 40 | 10~18 | | | 40 | 10~18 |
| | | 50 | 20~24 | | | 50 | 20~28 |

| 公称直径 DN | 曲面高度 $h_1$ | 直边高度 $h_2$ | 厚度 $\delta$ | 公称直径 DN | 曲面高度 $h_1$ | 直边高度 $h_2$ | 厚度 $\delta$ |
|---|---|---|---|---|---|---|---|
| 1000 | 250 | 25 | 4～8 | 2300 | 575 | 40 | 10～14 |
| | | 40 | 10～18 | 2400 | 600 | 40 | 10～18 |
| | | 50 | 20～30 | | | 50 | 20～50 |
| 1100 | 275 | 25 | 6～8 | 2500 | 625 | 40 | 12～18 |
| | | 40 | 10～18 | | | 50 | 20～50 |
| 1200 | 300 | 25 | 6～8 | 2600 | 650 | 40 | 12～18 |
| | | 40 | 10～18 | | | 50 | 20～50 |
| | | 50 | 20～34 | 2800 | 700 | 40 | 12～18 |
| 1300 | 325 | 25 | 6～8 | | | 50 | 20～50 |
| | | 40 | 10～18 | 3000 | 750 | 40 | 12～18 |
| | | 50 | 20～24 | | | 50 | 20～46 |
| 1400 | 350 | 25 | 6～8 | 3200 | 800 | 40 | 14～18 |
| | | 40 | 10～18 | | | 50 | 20～42 |
| | | 50 | 20～38 | 3400 | 850 | 50 | 12～38 |
| 1500 | 375 | 25 | 6～8 | 3500 | 875 | 50 | 20～36 |
| | | 40 | 10～18 | | | | |
| | | 50 | 20～24 | 3600 | 900 | 50 | 20～36 |
| 1600 | 400 | 25 | 6～8 | 3800 | 950 | 50 | 12～38 |
| | | 40 | 10～18 | | | | |
| | | 50 | 20～42 | 4000 | 1000 | 50 | 12～38 |
| 1700 | 425 | 25 | 8 | 4200 | 1050 | 50 | 20～38 |
| | | 40 | 10～18 | 4400 | 1100 | 50 | 20～38 |
| | | 50 | 20～24 | | | | |
| 1800 | 450 | 25 | 8 | 4500 | 1125 | 50 | 20～38 |
| | | 40 | 10～18 | 4600 | 1150 | 50 | 20～38 |
| | | 50 | 20～50 | | | | |
| 1900 | 475 | 25 | 8 | 4800 | 1200 | 50 | 20～38 |
| | | 40 | 10～18 | 5000 | 1250 | 50 | 20～38 |
| 2000 | 500 | 25 | 8 | 5200 | 1300 | 50 | 20～38 |
| | | 40 | 10～18 | 5400 | 1350 | 50 | 20～38 |
| | | 50 | 20～50 | | | | |
| 2100 | 525 | 40 | 10～14 | 5500 | 1375 | 50 | 20～38 |
| 2200 | 550 | 25 | 8,9 | 5600 | 1400 | 50 | 20～38 |
| | | 40 | 10～18 | 5800 | 1450 | 50 | 20～38 |
| | | 50 | 20～50 | 6000 | 1500 | 50 | 20～38 |
| 以外径为公称直径的封头 | | | | | | | |
| 159 | 40 | 25 | 4～8 | 325 | 81 | 25 | 8 |
| 219 | 55 | 25 | 4～8 | | | 40 | 10～12 |
| 273 | 68 | 25 | 4～8 | 377 | 94 | 40 | 10～14 |
| | | 40 | 10～12 | 426 | 106 | 40 | 10～14 |

注：厚度 $\delta$ 系列 4～50 之间为 2 进位。

## 附录 7　钢管规格

### 7.1　输送流体用无缝钢管规格（摘自 GB 8163—87）

热轧（挤压、扩）钢管的外径和壁厚

| 外径 /mm | 壁厚/mm | | | | | | | | | | | | | | | | | |
|---|---|---|---|---|---|---|---|---|---|---|---|---|---|---|---|---|---|---|
| | 2.5 3 | 3.5 4 | 4.5 5 | 5.5 6 | 6.5 7 | 7.5 8 | 8.5 9 | 9.5 10 | 11 12 | 13 14 | 15 16 | 17 18 | 19 20 | 22 (24) | 25 (26) | 28 30 | 32 (34) | (35) 36 |
| 32 | | | | | | | | | | | | | | | | | | |
| 38 | | | | | | | | | | | | | | | | | | |
| 42 | | | | | | | | | | | | | | | | | | |
| 45 | | | | | | | | | | | | | | | | | | |
| 50 | | | | | | | | | | | | | | | | | | |
| 54 | | | | | | | | | | | | | | | | | | |
| 57 | | | | | | | | | | | | | | | | | | |
| 60 | | | | | | | | | | | | | | | | | | |
| 63.5 | | | | | | | | | | | | | | | | | | |
| 68 | | | | | | | | | | | | | | | | | | |
| 70 | | | | | | | | | | | | | | | | | | |
| 73 | | | | | | | | | | | | | | | | | | |
| 76 | | | | | | | | | | | | | | | | | | |
| 83 | | | | | | | | | | | | | | | | | | |
| 89 | | | | | | | | | | | | | | | | | | |
| 95 | | | | | | | | | | | | | | | | | | |
| 102 | | | | | | | | | | | | | | | | | | |
| 108 | | | | | | | | | | | | | | | | | | |
| 114 | | | | | | | | | | | | | | | | | | |
| 121 | | | | | | | | | | | | | | | | | | |
| 127 | | | | | | | | | | | | | | | | | | |
| 133 | | | | | | | | | | | | | | | | | | |
| 140 | | | | | | | | | | | | | | | | | | |
| 146 | | | | | | | | | | | | | | | | | | |
| 152 | | | | | | | | | | | | | | | | | | |
| 159 | | | | | | | | | | | | | | | | | | |
| 168 | | | | | | | | | | | | | | | | | | |
| 180 | | | | | | | | | | | | | | | | | | |
| 194 | | | | | | | | | | | | | | | | | | |
| 203 | | | | | | | | | | | | | | | | | | |
| 219 | | | | | | | | | | | | | | | | | | |
| 245 | | | | | | | | | | | | | | | | | | |
| 273 | | | | | | | | | | | | | | | | | | |
| 299 | | | | | | | | | | | | | | | | | | |
| 325 | | | | | | | | | | | | | | | | | | |

续表

| 外径 /mm | 壁厚/mm | | | | | | | | | | | | | | | | | |
|---|---|---|---|---|---|---|---|---|---|---|---|---|---|---|---|---|---|---|
| | 2.5 / 3 | 3.5 / 4 | 4.5 / 5 | 5.5 / 6 | 6.5 / 7 | 7.5 / 8 | 8.5 / 9 | 9.5 / 10 | 11 / 12 | 13 / 14 | 15 / 16 | 17 / 18 | 19 / 20 | 22 / (24) | 25 / (26) | 28 / 30 | 32 / (34) | (35) / 36 |
| 351 | | | | | | | | | | | | | | | | | | |
| 377 | | | | | | | | | | | | | | | | | | |
| 402 | | | | | | | | | | | | | | | | | | |
| 426 | | | | | | | | | | | | | | | | | | |
| 450 | | | | | | | | | | | | | | | | | | |
| (465) | | | | | | | | | | | | | | | | | | |
| 480 | | | | | | | | | | | | | | | | | | |
| 500 | | | | | | | | | | | | | | | | | | |
| 530 | | | | | | | | | | | | | | | | | | |
| (550) | | | | | | | | | | | | | | | | | | |
| 560 | | | | | | | | | | | | | | | | | | |
| 600 | | | | | | | | | | | | | | | | | | |
| 630 | | | | | | | | | | | | | | | | | | |

注：1. 钢管通常长度 3～12m。

2. 钢管由 10、20、09MnV 和 16Mn 制造。

## 7.2 输送流体用不锈钢无缝钢管规格（摘自 GB 14976—94）

### （1）热轧（挤、扩）钢管的外径和壁厚

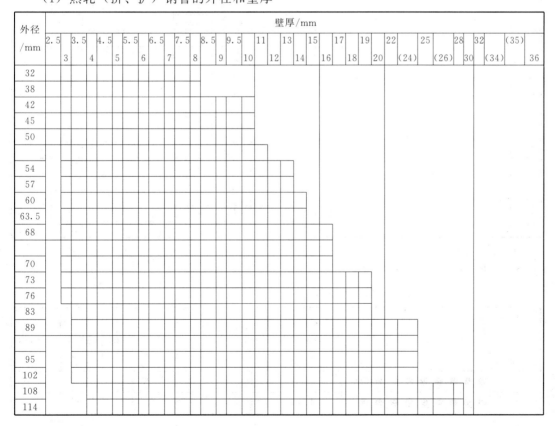

| 外径 /mm | 壁厚/mm | | | | | | | | | | | | | | | | | |
|---|---|---|---|---|---|---|---|---|---|---|---|---|---|---|---|---|---|---|
| | 2.5 / 3 | 3.5 / 4 | 4.5 / 5 | 5.5 / 6 | 6.5 / 7 | 7.5 / 8 | 8.5 / 9 | 9.5 / 10 | 11 / 12 | 13 / 14 | 15 / 16 | 17 / 18 | 19 / 20 | 22 / (24) | 25 / (26) | 28 / 30 | 32 / (34) | (35) / 36 |
| 32 | | | | | | | | | | | | | | | | | | |
| 38 | | | | | | | | | | | | | | | | | | |
| 42 | | | | | | | | | | | | | | | | | | |
| 45 | | | | | | | | | | | | | | | | | | |
| 50 | | | | | | | | | | | | | | | | | | |
| 54 | | | | | | | | | | | | | | | | | | |
| 57 | | | | | | | | | | | | | | | | | | |
| 60 | | | | | | | | | | | | | | | | | | |
| 63.5 | | | | | | | | | | | | | | | | | | |
| 68 | | | | | | | | | | | | | | | | | | |
| 70 | | | | | | | | | | | | | | | | | | |
| 73 | | | | | | | | | | | | | | | | | | |
| 76 | | | | | | | | | | | | | | | | | | |
| 83 | | | | | | | | | | | | | | | | | | |
| 89 | | | | | | | | | | | | | | | | | | |
| 95 | | | | | | | | | | | | | | | | | | |
| 102 | | | | | | | | | | | | | | | | | | |
| 108 | | | | | | | | | | | | | | | | | | |
| 114 | | | | | | | | | | | | | | | | | | |

| 外径<br>/mm | 壁厚/mm | | | | | | | | | | | | | | | | | |
|---|---|---|---|---|---|---|---|---|---|---|---|---|---|---|---|---|---|---|
| | 2.5<br>3 | 3.5<br>4 | 4.5<br>5 | 5.5<br>6 | 6.5<br>7 | 7.5<br>8 | 8.5<br>9 | 9.5<br>10 | 11<br>12 | 13<br>14 | 15<br>16 | 17<br>18 | 19<br>20 | 22<br>(24) | 25<br>(26) | 28<br>30 | 32<br>(34) | (35)<br>36 |
| 121 | | | | | | | | | | | | | | | | | | |
| 127 | | | | | | | | | | | | | | | | | | |
| 133 | | | | | | | | | | | | | | | | | | |
| 140 | | | | | | | | | | | | | | | | | | |
| 146 | | | | | | | | | | | | | | | | | | |
| 152 | | | | | | | | | | | | | | | | | | |
| 159 | | | | | | | | | | | | | | | | | | |
| 168 | | | | | | | | | | | | | | | | | | |
| 180 | | | | | | | | | | | | | | | | | | |
| 194 | | | | | | | | | | | | | | | | | | |
| 203 | | | | | | | | | | | | | | | | | | |
| 219 | | | | | | | | | | | | | | | | | | |
| 245 | | | | | | | | | | | | | | | | | | |
| 273 | | | | | | | | | | | | | | | | | | |
| 299 | | | | | | | | | | | | | | | | | | |
| 325 | | | | | | | | | | | | | | | | | | |
| 351 | | | | | | | | | | | | | | | | | | |
| 377 | | | | | | | | | | | | | | | | | | |
| 402 | | | | | | | | | | | | | | | | | | |
| 426 | | | | | | | | | | | | | | | | | | |
| 450 | | | | | | | | | | | | | | | | | | |
| (465) | | | | | | | | | | | | | | | | | | |
| 480 | | | | | | | | | | | | | | | | | | |
| 500 | | | | | | | | | | | | | | | | | | |
| 530 | | | | | | | | | | | | | | | | | | |
| (550) | | | | | | | | | | | | | | | | | | |
| 560 | | | | | | | | | | | | | | | | | | |
| 600 | | | | | | | | | | | | | | | | | | |
| 630 | | | | | | | | | | | | | | | | | | |

注：1. 钢管通常长度 3～12m。

2. 钢管由 10、20、09MnV 和 16Mn 制造。

## （2）冷拔（轧）钢管的外径和壁厚

| 外径<br>/mm | 壁厚/mm | | | | | | | | | | | | | | | | | | | | | | | | | | | | | | | | |
|---|---|---|---|---|---|---|---|---|---|---|---|---|---|---|---|---|---|---|---|---|---|---|---|---|---|---|---|---|---|---|---|---|---|
| | 0.5 | 0.6 | 0.8 | 1.0 | 1.2 | 1.4 | 1.5 | 1.6 | 2.0 | 2.2 | 2.5 | 2.8 | 3.0 | 3.2 | 3.5 | 4.0 | 4.5 | 5.0 | 5.5 | 6.0 | 6.5 | 7.0 | 7.5 | 8.0 | 8.5 | 9.0 | 9.5 | 10 | 11 | 12 | 13 | 14 | 15 |
| 6 | ● | ● | ● | ● | ● | ● | ● | ● | ● | | | | | | | | | | | | | | | | | | | | | | | | |
| 7 | ● | ● | ● | ● | ● | ● | ● | ● | ● | ● | | | | | | | | | | | | | | | | | | | | | | | |

续表

| 外径/mm \ 壁厚/mm | 0.5 | 0.6 | 0.8 | 1.0 | 1.2 | 1.4 | 1.5 | 1.6 | 2.0 | 2.2 | 2.5 | 2.8 | 3.0 | 3.2 | 3.5 | 4.0 | 4.5 | 5.0 | 5.5 | 6.0 | 6.5 | 7.0 | 7.5 | 8.0 | 8.5 | 9.0 | 9.5 | 10 | 11 | 12 | 13 | 14 | 15 |
|---|---|---|---|---|---|---|---|---|---|---|---|---|---|---|---|---|---|---|---|---|---|---|---|---|---|---|---|---|---|---|---|---|---|
| 8 | ● | ● | ● | ● | ● | ● | ● | ● | ● | | | | | | | | | | | | | | | | | | | | | | | | |
| 9 | ● | ● | ● | ● | ● | ● | ● | ● | ● | ● | ● | | | | | | | | | | | | | | | | | | | | | | |
| 10 | ● | ● | ● | ● | ● | ● | ● | ● | ● | ● | ● | ● | | | | | | | | | | | | | | | | | | | | | |
| 11 | ● | ● | ● | ● | ● | ● | ● | ● | ● | ● | ● | ● | | | | | | | | | | | | | | | | | | | | | |
| 12 | ● | ● | ● | ● | ● | ● | ● | ● | ● | ● | ● | ● | ● | | | | | | | | | | | | | | | | | | | | |
| 13 | ● | ● | ● | ● | ● | ● | ● | ● | ● | ● | ● | ● | ● | | | | | | | | | | | | | | | | | | | | |
| 14 | ● | ● | ● | ● | ● | ● | ● | ● | ● | ● | ● | ● | ● | ● | ● | | | | | | | | | | | | | | | | | | |
| 15 | ● | ● | ● | ● | ● | ● | ● | ● | ● | ● | ● | ● | ● | ● | ● | | | | | | | | | | | | | | | | | | |
| 16 | ● | ● | ● | ● | ● | ● | ● | ● | ● | ● | ● | ● | ● | ● | ● | ● | | | | | | | | | | | | | | | | | |
| 17 | ● | ● | ● | ● | ● | ● | ● | ● | ● | ● | ● | ● | ● | ● | ● | ● | | | | | | | | | | | | | | | | | |
| 18 | ● | ● | ● | ● | ● | ● | ● | ● | ● | ● | ● | ● | ● | ● | ● | ● | ● | | | | | | | | | | | | | | | | |
| 19 | ● | ● | ● | ● | ● | ● | ● | ● | ● | ● | ● | ● | ● | ● | ● | ● | ● | | | | | | | | | | | | | | | | |
| 20 | ● | ● | ● | ● | ● | ● | ● | ● | ● | ● | ● | ● | ● | ● | ● | ● | ● | | | | | | | | | | | | | | | | |
| 21 | ● | ● | ● | ● | ● | ● | ● | ● | ● | ● | ● | ● | ● | ● | ● | ● | ● | ● | | | | | | | | | | | | | | | |
| 22 | ● | ● | ● | ● | ● | ● | ● | ● | ● | ● | ● | ● | ● | ● | ● | ● | ● | | | | | | | | | | | | | | | | |
| 23 | ● | ● | ● | ● | ● | ● | ● | ● | ● | ● | ● | ● | ● | ● | ● | ● | ● | | | | | | | | | | | | | | | | |
| 24 | ● | ● | ● | ● | ● | ● | ● | ● | ● | ● | ● | ● | ● | ● | ● | ● | ● | ● | ● | | | | | | | | | | | | | | |
| 25 | ● | ● | ● | ● | ● | ● | ● | ● | ● | ● | ● | ● | ● | ● | ● | ● | ● | ● | ● | | | | | | | | | | | | | | |
| 27 | ● | ● | ● | ● | ● | ● | ● | ● | ● | ● | ● | ● | ● | ● | ● | ● | ● | ● | ● | ● | | | | | | | | | | | | | |
| 28 | ● | ● | ● | ● | ● | ● | ● | ● | ● | ● | ● | ● | ● | ● | ● | ● | ● | ● | ● | ● | | | | | | | | | | | | | |
| 30 | ● | ● | ● | ● | ● | ● | ● | ● | ● | ● | ● | ● | ● | ● | ● | ● | ● | ● | ● | ● | ● | | | | | | | | | | | | |
| 32 | ● | ● | ● | ● | ● | ● | ● | ● | ● | ● | ● | ● | ● | ● | ● | ● | ● | ● | ● | ● | ● | | | | | | | | | | | | |
| 34 | ● | ● | ● | ● | ● | ● | ● | ● | ● | ● | ● | ● | ● | ● | ● | ● | ● | ● | ● | ● | ● | ● | | | | | | | | | | | |
| 35 | ● | ● | ● | ● | ● | ● | ● | ● | ● | ● | ● | ● | ● | ● | ● | ● | ● | ● | ● | ● | ● | ● | ● | | | | | | | | | | |
| 36 | ● | ● | ● | ● | ● | ● | ● | ● | ● | ● | ● | ● | ● | ● | ● | ● | ● | ● | ● | ● | ● | ● | ● | | | | | | | | | | |
| 38 | ● | ● | ● | ● | ● | ● | ● | ● | ● | ● | ● | ● | ● | ● | ● | ● | ● | ● | ● | ● | ● | ● | ● | | | | | | | | | | |
| 40 | ● | ● | ● | ● | ● | ● | ● | ● | ● | ● | ● | ● | ● | ● | ● | ● | ● | ● | ● | ● | ● | ● | | | | | | | | | | | |
| 42 | ● | ● | ● | ● | ● | ● | ● | ● | ● | ● | ● | ● | ● | ● | ● | ● | ● | ● | ● | ● | ● | ● | ● | ● | | | | | | | | | |
| 45 | ● | ● | ● | ● | ● | ● | ● | ● | ● | ● | ● | ● | ● | ● | ● | ● | ● | ● | ● | ● | ● | ● | ● | ● | ● | | | | | | | | |
| 48 | ● | ● | ● | ● | ● | ● | ● | ● | ● | ● | ● | ● | ● | ● | ● | ● | ● | ● | ● | ● | ● | ● | ● | ● | | | | | | | | | |
| 50 | ● | ● | ● | ● | ● | ● | ● | ● | ● | ● | ● | ● | ● | ● | ● | ● | ● | ● | ● | ● | ● | ● | ● | ● | ● | | | | | | | | |
| 51 | ● | ● | ● | ● | ● | ● | ● | ● | ● | ● | ● | ● | ● | ● | ● | ● | ● | ● | ● | ● | ● | ● | ● | ● | ● | ● | | | | | | | |
| 53 | ● | ● | ● | ● | ● | ● | ● | ● | ● | ● | ● | ● | ● | ● | ● | ● | ● | ● | ● | ● | ● | ● | ● | ● | ● | ● | ● | | | | | | |
| 54 | ● | ● | ● | ● | ● | ● | ● | ● | ● | ● | ● | ● | ● | ● | ● | ● | ● | ● | ● | ● | ● | ● | ● | ● | ● | ● | ● | ● | ● | | | | |

续表

| 外径/mm \ 壁厚/mm | 0.5 | 0.6 | 0.8 | 1.0 | 1.2 | 1.4 | 1.5 | 1.6 | 2.0 | 2.2 | 2.5 | 2.8 | 3.0 | 3.2 | 3.5 | 4.0 | 4.5 | 5.0 | 5.5 | 6.0 | 6.5 | 7.0 | 7.5 | 8.0 | 8.5 | 9.0 | 9.5 | 10 | 11 | 12 | 13 | 14 | 15 |
|---|---|---|---|---|---|---|---|---|---|---|---|---|---|---|---|---|---|---|---|---|---|---|---|---|---|---|---|---|---|---|---|---|---|
| 56 | ● | ● | ● | ● | ● | ● | ● | ● | ● | ● | ● | ● | ● | ● | ● | ● | ● | ● | ● | ● | ● | ● | ● | ● | ● | ● | ● | ● | | | | | |
| 57 | ● | ● | ● | ● | ● | ● | ● | ● | ● | ● | ● | ● | ● | ● | ● | ● | ● | ● | ● | ● | ● | ● | ● | ● | ● | ● | ● | ● | | | | | |
| 60 | ● | ● | ● | ● | ● | ● | ● | ● | ● | ● | ● | ● | ● | ● | ● | ● | ● | ● | ● | ● | ● | ● | ● | ● | ● | ● | ● | ● | | | | | |
| 63 | | | | | | | ● | ● | ● | ● | ● | ● | ● | ● | ● | ● | ● | ● | ● | ● | ● | ● | ● | ● | ● | ● | ● | ● | | | | | |
| 65 | | | | | | | ● | ● | ● | ● | ● | ● | ● | ● | ● | ● | ● | ● | ● | ● | ● | ● | ● | ● | ● | ● | ● | ● | | | | | |
| 68 | | | | | | | ● | ● | ● | ● | ● | ● | ● | ● | ● | ● | ● | ● | ● | ● | ● | ● | ● | ● | ● | ● | ● | ● | ● | ● | ● | | |
| 70 | | | | | | | ● | ● | ● | ● | ● | ● | ● | ● | ● | ● | ● | ● | ● | ● | ● | ● | ● | ● | ● | ● | ● | ● | ● | ● | ● | | |
| 73 | | | | | | | | | | | ● | ● | ● | ● | ● | ● | ● | ● | ● | ● | ● | ● | ● | ● | ● | ● | ● | ● | ● | ● | ● | | |
| 75 | | | | | | | | | | | ● | ● | ● | ● | ● | ● | ● | ● | ● | ● | ● | ● | ● | ● | ● | ● | ● | ● | ● | ● | ● | ● | |
| 76 | | | | | | | | | | | ● | ● | ● | ● | ● | ● | ● | ● | ● | ● | ● | ● | ● | ● | ● | ● | ● | ● | ● | ● | ● | ● | |
| 80 | | | | | | | | | | | ● | ● | ● | ● | ● | ● | ● | ● | ● | ● | ● | ● | ● | ● | ● | ● | ● | ● | ● | ● | ● | ● | ● |
| 83 | | | | | | | | | | | ● | ● | ● | ● | ● | ● | ● | ● | ● | ● | ● | ● | ● | ● | ● | ● | ● | ● | ● | ● | ● | ● | ● |
| 85 | | | | | | | | | | | ● | ● | ● | ● | ● | ● | ● | ● | ● | ● | ● | ● | ● | ● | ● | ● | ● | ● | ● | ● | ● | ● | ● |
| 89 | | | | | | | | | | | | ● | ● | ● | ● | ● | ● | ● | ● | ● | ● | ● | ● | ● | ● | ● | ● | ● | ● | ● | ● | ● | ● |
| 90 | | | | | | | | | | | | | ● | ● | ● | ● | ● | ● | ● | ● | ● | ● | ● | ● | ● | ● | ● | ● | ● | ● | ● | ● | ● |
| 95 | | | | | | | | | | | | | ● | ● | ● | ● | ● | ● | ● | ● | ● | ● | ● | ● | ● | ● | ● | ● | ● | ● | ● | ● | ● |
| 100 | | | | | | | | | | | | | ● | ● | ● | ● | ● | ● | ● | ● | ● | ● | ● | ● | ● | ● | ● | ● | ● | ● | ● | ● | ● |
| 102 | | | | | | | | | | | | | | | ● | ● | ● | ● | ● | ● | ● | ● | ● | ● | ● | ● | ● | ● | ● | ● | ● | ● | ● |
| 108 | | | | | | | | | | | | | | | ● | ● | ● | ● | ● | ● | ● | ● | ● | ● | ● | ● | ● | ● | ● | ● | ● | ● | ● |
| 114 | | | | | | | | | | | | | | | ● | ● | ● | ● | ● | ● | ● | ● | ● | ● | ● | ● | ● | ● | ● | ● | ● | ● | ● |
| 127 | | | | | | | | | | | | | | | ● | ● | ● | ● | ● | ● | ● | ● | ● | ● | ● | ● | ● | ● | ● | ● | ● | ● | ● |
| 133 | | | | | | | | | | | | | | | ● | ● | ● | ● | ● | ● | ● | ● | ● | ● | ● | ● | ● | ● | ● | ● | ● | ● | ● |
| 140 | | | | | | | | | | | | | | | ● | ● | ● | ● | ● | ● | ● | ● | ● | ● | ● | ● | ● | ● | ● | ● | ● | ● | ● |
| 146 | | | | | | | | | | | | | | | ● | ● | ● | ● | ● | ● | ● | ● | ● | ● | ● | ● | ● | ● | ● | ● | ● | ● | ● |
| 159 | | | | | | | | | | | | | | | ● | ● | ● | ● | ● | ● | ● | ● | ● | ● | ● | ● | ● | ● | ● | ● | ● | ● | ● |

注：●表示冷拔(轧)钢管规格。钢管通常长度 2~8m。

## 附录 8　列管式换热器中传热系数 K 值范围推荐值

### 8.1　用作冷却剂

| 高温流体 | 低温流体 | 传热系数范围/[W/(m²·℃)] |
|---|---|---|
| 水 | 水 | 1400~2840 |
| 甲醇、氨 | 水 | 1400~2840 |
| 有机物黏度 $0.5×10^{-3}$ Pa·s 以下 | 水 | 430~850 |
| 有机物黏度 $0.5×10^{-3}$ Pa·s 以下 | 冷冻盐水 | 220~570 |
| 有机物黏度 $(0.5~1)×10^{-3}$ Pa·s | 水 | 280~710 |
| 有机物黏度 $1×10^{-3}$ Pa·s 以上 | 水 | 28~430 |
| 气体 | 水 | 12~280 |
| 水 | 冷冻盐水 | 570~1200 |
| 水 | 冷冻盐水 | 230~580 |
| 硫酸 | 水 | 870 |
| 四氯化钙 | 氯化钙溶液 | 76 |
| 氯化氢气(冷却除水) | 盐水 | 35~175 |
| 氯水(冷却除水) | 水 | 35~175 |
| 焙烧 $SO_2$ 气体 | 水 | 230~465 |
| 氮 | 水 | 66 |
| 水 | 水 | 410~1160 |
| 20%~40%硫酸(质量分数) | 水 | 465~1050 |
| 20%盐酸(质量分数) | 水 | 580~1160 |
| 有机溶剂 | 盐水 | 175~510 |

### 8.2 用作冷凝器

| 高温流体 | 低温流体 | 传热系数范围/[W/(m²·℃)] |
|---|---|---|
| 有机质蒸气 | 水 | 230～930 |
| 有机质蒸气 | 水 | 290～1160 |
| 饱和有机质蒸气(大气压下) | 盐水 | 570～1140 |
| 饱和有机质蒸气(减压下且含有少量不凝气体) | 盐水 | 280～570 |
| 低沸点碳氢化合物(大气压下) | 水 | 450～1140 |
| 高沸点碳氢化合物(减压下) | 水 | 60～175 |
| 21%盐酸蒸气 | 水 | 110～1750 |
| 氨蒸气 | 水 | 870～2330 |
| 有机溶剂蒸气和水蒸气混合物 | 水 | 350～1160 |
| 有机质蒸气(减压下且含有少量不凝气体) | 水 | 60～280 |
| 有机质蒸气(大气压下且含有少量不凝气体) | 盐水 | 115～450 |
| 氟里昂液蒸气 | 水 | 870～990 |
| 汽油蒸气 | 水 | 520 |
| 汽油蒸气 | 原油 | 115～175 |
| 煤油蒸气 | 水 | 290 |
| 水蒸气(加压下) | 水 | 1990～4260 |
| 水蒸气(减压下) | 水 | 1700～3440 |
| 氯乙醛(管外) | 水 | 165 |
| 甲醇(管内) | 水 | 640 |
| 四氯化碳(管内) | 水 | 360 |
| 缩醛(管内) | 水 | 460 |
| 糖醛(管外)(不凝气体) | 水 | 125～220 |
| 水蒸气(管外) | 水 | 610 |

## 附录9 壁面污垢热阻的数值范围

### 9.1 冷却水

| 加热液体温度/℃<br>水的温度/℃ | 115 以下<br>25 以下 | | 115 以下<br>25 以上 | |
|---|---|---|---|---|
| 水的流速/(m/s) | 1 以下 | 1 以上 | 1 以下 | 1 以上 |
| 水 | 热阻/(m²·℃/W) | | | |
| 海水 | 0.8598×10⁻⁴ | 0.8598×10⁻⁴ | 1.7197×10⁻⁴ | 1.7197×10⁻⁴ |
| 自来水、井水、潮水、软化锅炉水 | 1.7197×10⁻⁴ | 1.7197×10⁻⁴ | 3.4394×10⁻⁴ | 3.4394×10⁻⁴ |
| 蒸馏水 | 0.8598×10⁻⁴ | 0.8598×10⁻⁴ | 0.8598×10⁻⁴ | 0.8598×10⁻⁴ |
| 硬水 | 5.1590×10⁻⁴ | 5.1590×10⁻⁴ | 8.598×10⁻⁴ | 8.598×10⁻⁴ |
| 河水 | 5.1590×10⁻⁴ | 3.4394×10⁻⁴ | 6.8788×10⁻⁴ | 5.1590×10⁻⁴ |

### 9.2 工业用气体

| 气 体 名 称 | 热阻/(m²·℃/W) | 气 体 名 称 | 热阻/(m²·℃/W) |
|---|---|---|---|
| 有机化合物 | $0.8598 \times 10^{-4}$ | 溶剂蒸气 | $1.7197 \times 10^{-4}$ |
| 水蒸气 | $0.8598 \times 10^{-4}$ | 天然气 | $1.7197 \times 10^{-4}$ |
| 空气 | $3.4394 \times 10^{-4}$ | 焦炉气 | $1.7197 \times 10^{-4}$ |

### 9.3 工业用液体

| 液 体 名 称 | 热阻/(m²·℃/W) | 液 体 名 称 | 热阻/(m²·℃/W) |
|---|---|---|---|
| 有机化合物 | $1.7197 \times 10^{-4}$ | 熔盐 | $0.8598 \times 10^{-4}$ |
| 盐水 | $1.7197 \times 10^{-4}$ | 植物油 | $5.1590 \times 10^{-4}$ |

### 9.4 石油分馏物

| 馏出物名称 | 热阻/(m²·℃/W) | 馏出物名称 | 热阻/(m²·℃/W) |
|---|---|---|---|
| 原油 | $3.4394 \times 10^{-4} \sim 12.098 \times 10^{-4}$ | 柴油 | $3.4394 \times 10^{-4} \sim 5.1590 \times 10^{-4}$ |
| 汽油 | $1.7197 \times 10^{-4}$ | 重油 | $8.5980 \times 10^{-4}$ |
| 石脑油 | $1.7197 \times 10^{-4}$ | 沥青油 | $17.197 \times 10^{-4}$ |
| 煤油 | $1.7197 \times 10^{-4}$ | | |

## 附录 10 换热器有关参数

### 10.1 固定管板式换热器 (JB/T 4715—92)

基本参数：公称压力 $PN$ 0.25～6.4MPa；公称直径 $DN$ 钢管制圆筒 159～325mm；卷制圆筒 400～1800mm；换热管长度 1500～9000mm。

换热面积计算公式：$S = \pi d_0 (L - 0.1) n$

式中，$S$ 为换热面积，m²；$d_0$ 为换热管外径，m；$L$ 为换热管长度，m；$n$ 为换热管根数。

（1）换热管规格及排列形式

| 外径×壁厚/mm | | 排列形式 | 管心距/mm |
|---|---|---|---|
| 碳钢、低合金钢 | 不锈钢 | | |
| $\phi 25 \times 2.5$ | $\phi 25 \times 2$ | 正三角形 | 32 |
| $\phi 19 \times 2$ | $\phi 19 \times 2$ | | 25 |

（2）换热管 $\phi 19$ 的基本参数

| 公称直径 $DN$/mm | 公称压力 $PN$/MPa | 管程数 $N$ | 管子根数 $n$ | 中心排管数 | 管程流通面积/m² | 计算换热面积/m² | | | | | |
|---|---|---|---|---|---|---|---|---|---|---|---|
| | | | | | | 换热管长度 $L$/mm | | | | | |
| | | | | | | 1500 | 2000 | 3000 | 4500 | 6000 | 9000 |
| 159 | | 1 | 15 | 5 | 0.0027 | 1.3 | 1.7 | 2.6 | — | — | — |
| 219 | | 1 | 33 | 7 | 0.0058 | 2.8 | 3.7 | 5.7 | — | — | — |
| 273 | 1.6 2.5 4 6.4 | 1 | 65 | 9 | 0.0115 | 5.4 | 7.4 | 11.3 | 17.1 | 22.9 | — |
| | | 2 | 56 | 8 | 0.0049 | 4.7 | 6.4 | 9.7 | 14.7 | 19.7 | — |
| 325 | | 1 | 98 | 11 | 0.0175 | 8.3 | 11.2 | 17.1 | 26 | 34.9 | — |
| | | 2 | 88 | 10 | 0.0078 | 7.4 | 10 | 15.2 | 23.1 | 31 | — |
| | | 4 | 68 | 11 | 0.003 | 5.7 | 7.7 | 11.8 | 17.9 | 23.9 | — |

| 公称直径 DN/mm | 公称压力 PN/MPa | 管程数 N | 管子根数 n | 中心排管数 | 管程流通面积/m² | 计算换热面积/m² 换热管长度 L/mm | | | | | |
|---|---|---|---|---|---|---|---|---|---|---|---|
| | | | | | | 1500 | 2000 | 3000 | 4500 | 6000 | 9000 |
| 400 | | 1 | 174 | 14 | 0.0307 | 14.5 | 19.7 | 30.1 | 45.7 | 61.3 | — |
| | | 2 | 164 | 15 | 0.0145 | 13.7 | 18.6 | 28.4 | 43.1 | 57.8 | — |
| | | 4 | 146 | 14 | 0.0065 | 12.2 | 16.6 | 15.3 | 38.3 | 51.4 | — |
| 450 | | 1 | 237 | 17 | 0.0419 | 19.8 | 26.9 | 41 | 62.2 | 83.5 | — |
| | | 2 | 220 | 16 | 0.0194 | 184 | 25 | 38.1 | 57.8 | 77.5 | — |
| | | 4 | 200 | 16 | 0.0088 | 16.7 | 22.7 | 34.6 | 52.5 | 70.4 | — |
| 500 | | 1 | 275 | 19 | 0.0486 | — | 31.2 | 47.6 | 72.2 | 96.8 | — |
| | | 2 | 256 | 18 | 0.0226 | — | 29 | 44.3 | 67.2 | 90.2 | — |
| | | 4 | 222 | 18 | 0.0098 | — | 25.2 | 38.4 | 58.3 | 78.2 | — |
| 600 | 0.6 | 1 | 430 | 22 | 0.076 | — | 48.8 | 74.4 | 112.9 | 151.4 | — |
| | 1 | 2 | 416 | 23 | 0.0368 | — | 47.2 | 72 | 109.3 | 146.5 | — |
| | 1.6 | 4 | 370 | 22 | 0.0163 | — | 42 | 64 | 97.2 | 130.3 | — |
| | 2.5 | 6 | 360 | 20 | 0.0106 | — | 40.8 | 62.3 | 94.5 | 126.8 | — |
| 700 | 4 | 1 | 607 | 27 | 0.1073 | — | — | 105.1 | 159.4 | 213.8 | — |
| | | 2 | 574 | 27 | 0.0507 | — | — | 99.4 | 150.8 | 202.1 | — |
| | | 4 | 542 | 27 | 0.0239 | — | — | 93.8 | 142.3 | 190.9 | — |
| | | 6 | 518 | 24 | 0.0153 | — | — | 89.7 | 136.0 | 182.4 | — |
| 800 | | 1 | 797 | 31 | 0.1408 | — | — | 138 | 209.3 | 280.7 | — |
| | | 2 | 776 | 31 | 0.0686 | — | — | 134.3 | 203.8 | 273.3 | — |
| | | 4 | 722 | 31 | 0.0319 | — | — | 125 | 189.8 | 254.3 | — |
| | | 6 | 710 | 30 | 0.0209 | — | — | 122.9 | 186.5 | 250 | — |
| 900 | | 1 | 1009 | 35 | 0.1783 | — | — | 174.7 | 265 | 355.3 | 536 |
| | | 2 | 988 | 35 | 0.0873 | — | — | 171 | 259.5 | 347.9 | 524.9 |
| | | 4 | 938 | 35 | 0.0414 | — | — | 162.4 | 246.4 | 330.3 | 498.3 |
| | | 6 | 914 | 34 | 0.0269 | — | — | 158.2 | 240 | 321.9 | 485.6 |
| 1000 | | 1 | 1267 | 39 | 0.2239 | — | — | 219.3 | 332.8 | 446.2 | 673.1 |
| | | 2 | 1234 | 39 | 0.109 | — | — | 213.6 | 324.1 | 434.6 | 655.6 |
| | | 4 | 1186 | 39 | 0.0524 | — | — | 205.3 | 311.5 | 417.7 | 630.1 |
| | | 6 | 1148 | 38 | 0.0338 | — | — | 198.7 | 301.5 | 404.3 | 609.9 |

注：表中的管程流通面积为各程平均值。

## （3）折流板（支持板）间距

mm

| 公称直径 DN | 管长 | 折流板间距 | | | | | |
|---|---|---|---|---|---|---|---|
| ≤500 | ≤3000 | 100 | 200 | 300 | 450 | 600 | — |
| | 4500~6000 | — | | | | | |
| 600~800 | 1500~6000 | 150 | 200 | 300 | 450 | 600 | — |
| 900~1300 | ≤6000 | 200 | | 300 | 450 | 600 | — |
| | 7500,9000 | — | | | | | 750 |
| 1400~1600 | 6000 | 300 | | | 450 | 600 | 750 |
| | 7500,9000 | — | | | | | |
| 1700~1800 | 6000~9000 | — | — | | 400 | 600 | 750 |

## 10.2 浮头式（内导流）换热器（JB/T 4715—92）

### φ25mm 换热管的基本参数

| 公称直径 /mm | 管程数 N | 管子总根数 n | | 中心排管数 | | 管程流通面积/m² | | | 计算的换热器面积/m² | | | | | |
|---|---|---|---|---|---|---|---|---|---|---|---|---|---|---|
| | | | | | | | | | 换热管长度 L/mm | | | | | |
| | | | | | | φ19 | φ25×2 | | 3000 | | 4500 | | 6000 | |
| | | | | | | ×2 | | φ25×2.5 | | | | | | |
| | | | | | | | | 管子尺寸/mm | | | | | | |
| | | φ19 | φ25 | φ19 | φ25 | φ19×2 | φ25×2 | φ25×2.5 | φ19 | φ25 | φ19 | φ25 | φ19 | φ25 |
| 325 | 2 | 60 | 32 | 7 | 5 | 0.0053 | 0.0055 | 0.0050 | 10.5 | 7.4 | 15.8 | 11.1 | — | — |
| | 4 | 52 | 28 | 6 | 4 | 0.0023 | 0.0024 | 0.0022 | 9.1 | 6.4 | 13.7 | 9.7 | — | — |
| 426 | 2 | 120 | 74 | 8 | 7 | 0.0106 | 0.0126 | 0.0116 | 20.9 | 16.9 | 31.6 | 25.6 | 42.3 | 34.4 |
| 400 | 4 | 108 | 68 | 9 | 6 | 0.0048 | 0.0059 | 0.0053 | 18.8 | 15.6 | 28.4 | 23.6 | 38.1 | 31.6 |
| 500 | 2 | 206 | 124 | 11 | 8 | 0.0182 | 0.0215 | 0.0194 | 35.7 | 28.3 | 54.1 | 42.8 | 72.5 | 57.4 |
| | 4 | 192 | 116 | 10 | 9 | 0.0085 | 0.0100 | 0.0091 | 33.2 | 26.4 | 50.4 | 40.1 | 67.6 | 53.7 |
| 600 | 2 | 324 | 198 | 14 | 11 | 0.0286 | 0.0343 | 0.0311 | 55.8 | 44.9 | 84.8 | 68.2 | 113.9 | 91.5 |
| | 4 | 308 | 188 | 14 | 10 | 0.0136 | 0.0163 | 0.0148 | 53.1 | 42.6 | 80.7 | 64.8 | 108.2 | 86.9 |
| | 6 | 284 | 158 | 14 | 10 | 0.0083 | 0.0091 | 0.0083 | 48.9 | 35.8 | 74.4 | 54.4 | 99.8 | 73.1 |
| 700 | 2 | 468 | 268 | 16 | 13 | 0.0414 | 0.0464 | 0.0421 | 80.4 | 60.6 | 122.2 | 92.1 | 164.1 | 123.7 |
| | 4 | 448 | 256 | 17 | 12 | 0.0198 | 0.0222 | 0.0201 | 76.9 | 57.8 | 117.0 | 87.9 | 157.1 | 118.1 |
| | 6 | 382 | 224 | 15 | 10 | 0.0112 | 0.0129 | 0.0116 | 65.6 | 50.6 | 99.8 | 76.9 | 133.0 | 103.4 |
| 800 | 2 | 610 | 366 | 19 | 15 | 0.0539 | 0.0634 | 0.0575 | — | — | 158.9 | 125.4 | 213.5 | 168.5 |
| | 4 | 588 | 352 | 18 | 14 | 0.0260 | 0.0305 | 0.0276 | — | — | 153.2 | 120.6 | 205.8 | 162.1 |
| | 6 | 518 | 316 | 16 | 14 | 0.0152 | 0.0182 | 0.0165 | — | — | 134.2 | 108.3 | 181.3 | 145.5 |
| 1000 | 2 | 1006 | 606 | 24 | 19 | 0.0890 | 0.1050 | 0.0952 | — | — | 260.6 | 206.6 | 350.6 | 277.9 |
| | 4 | 980 | 255 | 23 | 18 | 0.0433 | 0.0509 | 0.0462 | — | — | 253.9 | 200.4 | 341.6 | 269.7 |
| | 6 | 892 | 564 | 21 | 18 | 0.0262 | 0.0326 | 0.0295 | — | — | 231.1 | 192.2 | 311.0 | 258.7 |

# 参 考 文 献

[ 1 ] 陈敏恒，丛德滋，方图南等. 化工原理（上、下册）. 第 3 版. 北京：化学工业出版社，2006.
[ 2 ] 柴诚敬. 化工原理（上、下册）. 北京：高等教育出版社，2005.
[ 3 ] 国家医药管理局上海医药设计院. 化工工艺设计手册. 第 2 版. 北京：化学工业出版社，1996.
[ 4 ] 化学工程手册编委会. 化学工程手册·第 1 篇·物性数据. 北京：化学工业出版社，1989.
[ 5 ] 时钧，汪家鼎，余国琮，陈敏恒. 化学工程手册. 第 2 版. 北京：化学工业出版社，1996.
[ 6 ] 贾绍义，柴诚敬. 化工原理课程设计. 天津：天津大学出版社，2002.
[ 7 ] 华南理工大学化工原理教研室. 化工过程设备及设计. 广州：华南理工大学出版社，2005.
[ 8 ] 王国胜. 化工原理课程设计. 大连：大连理工大学出版社，2006.
[ 9 ] 王明辉. 化工单元过程课程设计. 北京：化学工业出版社，2002.
[10] 郑晓梅. 化工制图. 北京：化学工业出版社，2002.
[11] 蔡纪宁，张秋翔. 化工设备机械基础课程设计指导书. 北京：化学工业出版社，2000.
[12] 路秀林，王者相. 塔设备. 北京：化学工业出版社，2004.
[13] 潘国昌，郭庆丰. 化工设备设计. 北京：清华大学出版社，1996.
[14] 谭蔚. 化工过程设备机械基础. 天津：天津大学出版社，2000.
[15] HG 20519—92 化工工艺设计施工图内容和深度统一规定.
[16] HG 20593—1997 板式平焊钢制管法兰.
[17] JB/T 4737—95 椭圆形封头.
[18] GB/T 14976—94 ZF 钢管.
[19] JB/T 4715—92 固定管板式换热器.
[20] JB/T 4715—92 浮头式（内导流）换热器.